東大算数

「数字のセンス」と「地頭力」がいっきに身につく

現役東大生
西岡壱誠
Issei Nishioka

東洋経済新報社

はじめに

「小学校の算数」が「世界の見方を変える」武器になる

数字のセンスで「世界の見え方」が変わる

みなさんは、数字や数学に対して、どんなイメージを持っているでしょうか？

この本を読んでいるのが社会人の方であれば、**「学生時代、数学が苦手だった」**という人も多いでしょう。学生の方であれば、**「算数とか数学とか、テストで毎回点数が悪いんだよな」**と思い悩んでいる人も多いと思います。

算数や数学は、すべての科目の中でいちばん、**「差が出る科目」**だと言われています。「できる人」と「できない人」の差がはっきりと表れて、なかなか後から逆転することができない科目として知られています。

そして、**一度「できない人」の側に立つと、一生「数字や数学が苦手」「数字のセンスがない」という状態**で生きることになってしまいます。

そして、**数字のセンスがある人とない人とでは、世界が違って見えます**。この世の中には数字があふれていて、**数字のセンスがある**

かないかによって、人生は大きく左右されます。

たとえば、計画を立てるときには、自分たちに残されている時間とやらなければならないことにかかる時間を計算して、スケジュールを組み立てますよね。

ビジネスをするときには、自分たちが得られる売上と、自分たちが支払わなければならない支出を計算して、自分たちの利益を考えますよね。

僕たちは知らず知らずのうちに、**計算して物事を組み立てている**のです。

みなさんのまわりにも、**「この人、頭の回転が速いな」**とうらやましく感じる人、いませんか？　その人は、**数字のセンスがある人で、計算をするのが速いから、頭の回転が速く見えている**場合がほとんどです。

ですから、**数字のセンスがある人とない人とでは、大きな差が生まれてしまうのは当然**のことなのです。

偏差値35から東大、最初に「小学校の算数」を復習したワケ

「自分には数学的なセンスがないから、一生このまま数字に弱い人生を送っていかなければならないんじゃないか」

「頭の回転が遅いままで生きていかなければならないんじゃないか」

ここまで読んでいただいて、そんなふうに**勘違い**されている方もいるかもしれません。

しかし、そんなことはありません！

実は、「できる人」と「できない人」の差は、「生まれつきのセン

ス」で生じているわけではないのです。

どこで差がついているか。それは、**「算数」**です。**小学校で習うような、初歩的な算数の勉強によって、実は大きな差が生じてしまっている**のです。

僕の話をしましょう。僕は**偏差値35から２浪して東大に入った人間**ですが、なぜ東大に合格できたのかというと、**「算数」からやり直したから**です。

数学どころかすべての科目がダメダメだった高校時代に、塾の先生に「先生、こんな状態からでも東大を目指したいんですけど、どうすればいいですか？」と聞きました。

すると、**「きみが本気の本気で言っているのであれば、やることはとてもシンプルだ。小学校の算数からやり直しなさい」**と。「小学校⁉」と驚いたのですが、先生はこう続けました。

「小学校の算数には、すべてが詰まっている。そこからやり直せば、中学高校の数学だけでなく、すべての科目に応用できる数字のセンスが身につく」と。

そこからその言葉を信じて、小学校の算数ドリルをやって、九九を覚え直して、「100マス計算」をやり直して、「こんなことに意味があるのか？」と思いながらも勉強を続けました。

そうすると、先生の言ったとおり、中高の数学がわかるようになり、問題が解けるようになり、それどころか他の科目の成績も上がりました。

頭の回転が速くなったように感じ、グラフを使った問題なども難なく解けるようになりました。**それがあったから、僕は東大に合格できた**のです。

◉「算数」には無限の可能性があり、それは大きな武器になる

実際、僕だけではなく、**東大生は同じことを言う人が多い**です。東大は、文系であっても入試では数学の比重が大きい大学であり、東大生は文系であれ理系であれ、「数学力」とでも言うべき数字のセンスが非常に強い人たちの集まりです。

そんな東大生に話を聞くと、多くの人がこんなふうに言っています。

「小学校のころ、算数がすごく好きだった。計算が速いことが自慢だった。それがきっかけで、他の科目も含めて勉強が好きになった」

「算数ができたから、数学的な考え方や論理的な思考が身について、他の科目の成績にもつながった。算数があったから、いまの自分がいる」と。

要するに、**「算数」という科目で、「勉強に目覚めた」人が多い**んですよね。

算数には、実は**無限の可能性**があります。**足し算・引き算・掛け算・割り算の裏側には「壮大な世界」**があります。**偶数と奇数、分数と小数という簡単な数の秘密を知るだけで、「人生を左右するほど大きな知識」を得る**ことができます。

そしてそれらは、**大きな「武器」**になります。その武器は、**「思考の武器」として、その後の人生でも使えるもの**です。

算数や数学の問題で使えるだけでなく、**あらゆる勉強に、仕事に、人生に、大きくつながるもの**なのです。

でも、**小学生の間にそれを学んでいる人は少ない**と思います。東

大に合格している人は、高確率で、「算数の真髄」に触れて、「思考の武器」を手に入れていて、だからこそ東大生になっているのです。

本書では、**算数という科目の裏側に隠されたこの武器**を、みなさんにお伝えしたいと思います。

◉ 本書の構成

PART 1 では、**算数という科目を学び直していきます**。その際に見えてくる、多くの人が素通りしてしまっていた**「算数という科目の真髄」**をみなさんにお伝えしたいと思います。

PART 2 では、**学び直した内容を活かして、さらに思考の武器を磨いていきます。社会に出てから使える「思考の武器」**をたくさん、みなさんにお伝えしたいと思います。

「東大生が身につけているものなんて、難しそうだけど、大丈夫？」と思うかもしれませんが、**偏差値35だった僕ができたこと**ですし、**そもそも小学生が学んでいること**ですから、大丈夫です。

みなさんぜひ、この本を通して、**数字に強くて、数字のセンスがあって、思考が速い人**になってもらえればと思います！

CONTENTS

CHAPTER 3

数字の「見え方」が変わる！ 割り算のエッセンス

CHAPTER 4

数に対する「理解」が深まる！ 約数のエッセンス

CHAPTER 5

「使い分ける」と世界が変わる！小数・分数のエッセンス

CHAPTER 6

複雑な問題を「いっきに簡単」にする！偶数・奇数のエッセンス

PART 2 「数字のセンス」をさらに高める東大算数【実践編】

「数字のセンス」のエッセンスは“小学校の算数”にある！

――東大生は、「算数の武器」を使いこなす

ではここから、本格的に**「東大生が身につけている算数の武器」**についてお話ししていきたいのですが、その前にみなさんが持っているであろう１つの疑念を晴らしておこうと思います。

「え？　算数の武器なんて、ビジネスとか日常生活に役に立つの？」と。

結論から言うと、めちゃくちゃ役に立ちます。算数の武器を使いこなせば、**物事の理解・相手に対するプレゼンの仕方・日常の計算のスピード**を向上させることができます。

そして、**数にかかわるミスを、大きく減らすこともできる**のです。

1 〉東大生は「算数」で数に強くなった！

◉ 一瞬で数字の誤りに気づく

たとえば、このような状況を想像してみましょう。

あなたは、アパレルショップのお店の店長で、今日は7つの商品が売れた。

さて、今日の売上を計算しているが、次の計算式は正しいだろうか？　間違っているだろうか？

間違っているとしたら、なにが間違いだろうか？

22000円＋4400円＋6600円＋858円＋1067円＋363円＋8282円＝43263円

さて、みなさんは答えがすぐにわかりますか？

「こんなの、エクセル使えばいいじゃん」「電卓使えばいいじゃん」と思う人もいると思いますが、そういったツールを使っても、そもそもの数字の入力が間違っていると答えは間違ってしまいますよね。

ですから、**間違いを見抜けるようにしておいたほうが得**です。

ではその前提で、「43263円」という合計の数は正しいでしょうか？

実はこの計算、**わかる人なら3秒見ただけで、「ああ、この計算式は間違っているな」とわかります**（東大生なら2秒ですね）。

この本を読み進めていくと、みなさんも簡単に間違いを見抜くことができるようになれます。

もちろん、この計算を暗算で2秒でできる、というわけではありません。

でも、**数の性質を理解**していれば、簡単に間違っているとわかるのです。

◉ 偶数と奇数の数を数える

いくつか方法があるのですが、いちばん簡単なのは、**偶数の数と奇数の数を数える**ことです。偶数は２の倍数で、奇数はそれ以外です。

７つの商品の値段を偶数と奇数に分けると、こうなります。

偶数：22000円　4400円　6600円
　　　858円　8282円
奇数：1067円　363円

ということで、偶数が５つで、奇数は２つです。

さて、奇数の性質の１つに、**「奇数同士を足すと偶数になる」**というものがあります。「1067円＋363円＝1430円」ですもんね。

また、**偶数はいくつ足しても偶数にしかなりません**。ということは、この場合、全部足した結果は偶数になるはずなのです。

なのに答えは、「43263円」で、奇数ですね。おかしいですね。

このように、**偶数の数と奇数の数を数えれば、合計金額がおかしいということがすぐにわかる**のです。

◉ 計算の順番を変える

それ以外にも**「順番を変えて綺麗な数をつくる」**というテクニッ

クを使うこともできます。

「綺麗」というのは、PART 2 でまた解説するのですが、**「余計な混ざり物がないこと」**、ここでは「10の倍数や100の倍数など」と定義しておきましょう。

さて、先ほどの式のうち「22000円＋4400円＋6600円」は下２桁が０ですから、綺麗な数です。でも、「858円＋1067円＋363円＋8282円」の４つは工夫できそうですね。

たとえば、「858円＋8282円」「1067円＋363円」の２つのペアをつくりましょう。どちらも下１桁だけを見てみると「８＋２」「７＋３」と10となり、０がつくれますよね。ということは、この４つの数の合計は10の倍数になるのです。

「22000円＋4400円＋6600円」は100の倍数で、「858円＋1067円＋363円＋8282円」は10の倍数。ということは、合計は10の倍数になるはず。

それなのに「43263円」は10の倍数ではありませんから、「間違っているな」と考えられるはずです。

◉ 算数の武器があれば気づくポイントがある

では、みなさんはこの計算、そもそもなぜ間違ってしまったかわかりますか？

22000円＋4400円＋6600円＋858円＋
1067円＋363円＋8282円＝43263円

ここで、レジに入っているお金は間違いなく「43263円」だとしましょう。

とすると、きっと**7つの商品の金額のうちのどれかが、金額の打ち間違い**のはずなのですが、どれが間違いだか、みなさんにはわかりましたか？

「え、そんなのわかりっこないよ」と思うかもしれませんが、**わかるようになるのがこの本**です。

◉ 数字の共通点を見つける

実はこの7つの商品の値段には共通点があります。それは、「消費税込み」ということです。

商品の総額が22000円だということは、20000円の商品を買って、10％の消費税がかかったということですね。

つまりは、

20000円×1.1＝22000円

ということになります。

1.1倍ということは、11の倍数だということ。実は7つのうち**1つの数を除いて、6つの商品の値段は今回、11の倍数だった**のです。

4000円の商品なら400円の消費税で4400円、6000円の商品なら600円の消費税で6600円です。

858円の商品は、780円の商品に78円の消費税が足されて858円です。

1067円の商品は、970円の商品に97円の消費税が足されて1067円です。

363円の商品は、330円の商品に33円の消費税が足されて363円です。

そして、8282円はどうでしょう？　11で割ると、752あまり10です。11の倍数ではないですね。

ということは、きっとこの商品の値段が間違えているのではないか、ということがわかります。

正解は、「8282円→7975円」になります。

いかがでしょうか？　**計算が合わないときにも、算数の武器を持っていれば、「あ、ここがおかしいな」というのが一発でわかる**のです。

算数の武器を身につけているかいないかで、こんなふうな差がつくわけですね。

東大算数
Point 1

東大生は、算数の武器を用いて、難しい計算をしなくても瞬時に誤りを見抜くことができる！

2 「インパクトのある伝え方」ができるようになる！

数そのものでは伝わらないこともある

また、なにかを説明するときにも、数字をうまく扱う力が役に立ちます。

たとえば、こんな状況を考えましょう。

> 日本ではいま、空き家の数が増えていることが問題になっている。誰も住んでおらず、廃墟のようになってしまっている家のことである。
>
> あなたは不動産会社の人間で、この空き家の増加に関してプレゼンをしたいと考えている。
>
> 「日本の空き家の増加は深刻な問題だ」ということを伝えるために、どんなデータを用いて語ればいいだろうか？

まずみなさんは、「空き家の数が増えている」と聞いて、どんなデータを調べるでしょうか？　おそらく普通は、「空き家の数」がどれくらい増えているのか、その数を調べますよね。

パッとデータを調べると、こんなふうに出てきました。

	空き家数
1968年	約103万戸
1998年	約576万戸
2018年	約846万戸
2033年	約2147万戸(予想)

参考:
https://www.stat.go.jp/data/jyutaku/2018/pdf/g_gaiyou.pdf
https://www.fudousan.or.jp/topics/1507/07_3.html
(2033年の予測値)

仮に、現在2018年だったとして、普通に「日本の空き家の数は約850万戸です！」と伝えたら、それで「なるほど！　それは深刻だ！」となるでしょうか。**いまいちピンとこない**と思います。

過去のデータから考えてみると、「空き家の数は、50年前の８倍以上になっているんです！」というのは有効かもしれません。

でも、それでもなかなかピンとくる人は少ないでしょう。

◉「全体の数」も調べる

こういうとき、数字のセンスがある人なら、もう１つ調べることがあります。

それは、空き家の数だけでなく、**「日本全体の物件の数」**です。

実はこの数字がわかると、**「空き家の率」**を出すことができます。

	空き家数	総数	空き家率
1968年	約103万戸	約2559万戸	約4.0%
1998年	約576万戸	約5025万戸	約11.5%
2018年	約846万戸	約6242万戸	約13.6%
2033年（予想）	約2147万戸	約7107万戸	約30.2%

参考：

https://www.stat.go.jp/data/jyutaku/2018/pdf/g_gaiyou.pdf

https://www.fudousan.or.jp/topics/1507/07_3.html
（2033年の予測値）

「率」の表現にもさまざまなものがある

ということで、「空き家の率」を計算してみました。

このデータで言えば、2018年は空き家率「約13.6％」です。

算数的な式で表すと、次のようになります。

約846万戸÷約6242万戸＝約13.6％

「割り算」になります。

そしてこうなると、わかることが1つあります。それは、**「日本の中で、どれくらいの物件が空き家なのか」**です。

先ほどの割り算を逆にすると、こんな数式が出てきます。

約6242万戸÷約846万戸＝？

この答えは、７と８の間くらいになりますね。ざっくり、「約7.5」ととらえておきましょう。

この数式が表す意味は、「日本にある約6242万戸のうち、約846万戸が空き家」ということであり、この答えが「約7.5」ということ。

つまり**「日本の物件の7.5戸に１戸は、空き家」**ということになります。

どうでしょう？　そう言われると、「空き家ってかなり多いんだな」となりませんか？　空き家率が高いことがとてもよくわかると思います。

もっと言えば、2033年の空き家率予想は約30.2％でした。**「このままいくと、2033年には、日本の物件の３戸に１戸は、空き家になる」**と言われると、「そんなに⁉」って気になりますよね。「2033年には空き家が約2147万戸になる」と言われるよりも、そっちのほうが直感的にわかりやすいです。

このように、**数の本質を理解し、「率」で物事を表現しようという思考が働いていると、物事を説明するのがとても上手になる**のです。

東大算数
Point 2

数字の見せ方ひとつで、インパクトが大きく変わる！

3 「わかりやすい説明」ができるようになる！

ややこしい事柄を、数字を使ってシンプルな表現にする

相手に対してインパクトのあるプレゼンをする方法以外に、相手に**わかりやすい説明をするとき**でも、数字のセンスは大事になってきます。

たとえば、次のような状況を考えてみましょう。

あなたは塾の先生である。あなたの講座では、２回の授業を１セットで運営している。

１回目には普通に授業をし、そこで宿題プリントを出す。

２回目には１回目の宿題プリントを解説し、丸つけを行ってもらう。２回目には宿題はない。

３回目にはまた新しい単元の授業をして、宿題プリントを出す。４回目はそのプリントの解説をする、ということを繰り返していく。

さて、この授業運用を子どもたちにうまく伝えるためには、どんなふうに伝えればいいだろうか？

なかなかややこしいように聞こえると思いますが、数字のセンスをしっかり身につけていれば、実は簡単に伝えられます。

先ほども少し登場した、奇数と偶数を使えばいいのです。

奇数回目；普通の授業　宿題あり
偶数回目；宿題の解説　宿題なし

これで終わりです。1・3・5・7……回目には授業＋宿題で、2・4・6・8……回目には宿題の解説、という流れがこれで一発で説明できると思います。

長い説明が一切いらず、わかりやすくなるはずです。

どうでしょう？　簡単ですよね？

このように、**数字のセンスの有無は、日常生活やビジネスにおけるあらゆる面にかかわってきます**。

そして**数字のセンスの根本にあるのは、小学生の間に習っているはずの、足し算引き算、偶数と奇数、割合や分数など、「算数」の本質的理解**なのです。

この本では、まず**PART 1では「算数」の話**をします。

そして**PART 2では、それを使った本質的な算数の思考法**について紹介していきます。

東大算数 Point 3

複雑な事柄でも、数字をうまく使えばわかりやすく伝えることができる。

THE UNIVERSITY OF TOKYO
ARITHMETIC

PART 1

「数字のセンス」をインストールする東大算数

計算が「圧倒的に速く」なる！足し算・掛け算のエッセンス

——東大生は、ラクな計算方法を試行錯誤して見つけ出す

Quiz

Q　1～100までの数の合計はいくつですか？

1 〉掛け算とは、実は「足し算を簡略化したもの」

◎「足し算」と「掛け算」のどちらを使う?

みなさんは、**「1～100までの数の合計はいくつですか？」**と聞かれて、すぐに答えられますか？　**普通に考えたら無理**ですよね。

「1＋2＝3」「3＋3＝6」「6＋4＝10」「10＋5＝15」「15＋6＝21」……「4950＋100＝5050」という感じで、99回計算を繰り返すことで、「5050」という答えを出す……というのは、現実的ではありません。

この計算方式は、「足し算」の考え方です。算数においていちばん根本的で、最初に習う「1＋1＝2」の応用ですね。

でも、**これって面倒くさい**ですよね。99回も計算しなければならないんですから。**こんなことをしなくても、実は簡単に答えを出すことができます**。

「1＋100」って、101ですよね。「2＋99」も101ですし、「3＋98」も101です。

こうやって、**101をつくる計算をしていけば、「50+51」までの50個の「101」が出てくる**はずです。50×101＝5050になります。これであれば、計算は1回ですみますね。

1+100	4+97		48+53
2+99	5+96	……	49+52
3+98	6+95		50+51

もちろん「1＋100」「2＋99」「3＋98」……と、本来はもっと多くの回数計算しているわけですが、体感としてはほぼ1回ですんでいますし、スピードも圧倒的にこちらのほうが速いです。

順番に計算するパターンと、組み合わせを考えるパターン。

特別なことをしているわけではないのに、圧倒的に後者のほうが速く答えにたどり着きました。99回の計算が1回ですむようになったわけです。

このように、**同じパターンを探して組み合わせを変えたりすると、答えにたどり着くまでの速度が上がる**わけです。

これは、「掛け算」の考え方です。「2＋2＋2」を「2が3つある」と考えて「2×3＝6」と計算するというものですね。

実は、**数に強い人は「足し算」と「掛け算」のどちらを使ったほ**

うがいいのかを試しながら、問題を解いているんです。

「掛け算」にすることで、作業を簡略化できる

これについて詳しく説明するために、そもそもの話、「足し算」と「掛け算」について考えましょう。みなさんは、掛け算ってどんな意味を持つかわかりますか？

掛け算は、実は「足し算を簡略化したもの」です。

たとえば、「4人の人が3個のアメを持っている。4人合わせて何個のアメを持っていることになる？」という計算問題なら、「4人×3個」という計算式になります。

でも別にこれは**「3＋3＋3＋3」と、3個のアメを4回足しても成立します**よね。

4人×3個
＝3個＋3個＋3個＋3個

「掛け算を使わないで計算してください」と言われても、別に計算できなくはないのです。

でも、**この計算はとても面倒くさい**です。この問題の場合は4人だからいいですが、「100人が3個のアメを持っている。100人合わせて何個のアメを持っていることになる？」という計算問題なら、「3＋3＝6」「6＋3＝9」……と、99回足し算しなければなりません。これって、とてつもなく面倒くさいですよね。

こんなときこそ、掛け算の出番です。「３＋３＋３＋３＋３＋……＋３」を、「３×100」と書くわけです。こうすることで、99回の計算を、１回の計算に置き換えることができるわけです。

100人×3個
=3個+3個+3個+3個+……+3個
100人

算数も数学も、**「この方法だと面倒だから、新たなこういう式・概念を導入しよう」**という考え方をすることで、**思考や計算のスピードを速くできるようにしてきた歴史**があります。

「3.141592……」と考えてしまうと面倒だから、「π」という記号を用いて表すようにする。

答えがわからないから「x」とか「y」とか「n」という文字をおいて計算するようにする。

このように、算数でも数学でも、**より簡単に、よりわかりやすくするための方法を導入していく**のが通例です。

そもそも、「りんごがひとつ存在する」という概念を、「１」という数に置き換えて計算していくのが、数学の最初の一歩だったわけです。そう考えると、**算数も含めた数学という学問は、「簡略化」が本質だと言っても過言ではない**のでしょう。

そしてそのいちばん典型的な例が「足し算」→「掛け算」なのだと思います。

東大算数 **Point 4**

掛け算とは、実は「足し算を簡略化」したもの。

2 「計算を速くする」ための頭の使い方

「同じもの」を探して、くくる

ということで、僕がみなさんに言いたいのは、**「難しい足し算の問題を、なんとか掛け算で表すことはできないだろうか」と試行錯誤していくことが重要**だということです。

このCHAPTER 1の冒頭に書いたクイズ「1～100までの数の合計」で言うなら、足し算だと99回計算しなければならなかったのを、掛け算にすることで計算工程をほぼ1回に圧縮していますよね。

足し算を掛け算に変えるという考え方を持つことで、計算を簡略化できるようにしていくわけです。

さて、ではどうすれば「足し算を掛け算で表す」ことができるようになるのでしょうか？　その答えは、**「同じものを探して、それでくくる」**です。

冒頭のクイズで言えば、「1＋2＋3＋4＋5＋……＋100」の中に、同じ数を探す必要がありましたね。この中に「101」という数を発見できれば、「101×50」と計算していくことができました。

一見するとバラバラな数字の中から、「101」という「同じ数」を見つけることができるかどうかによって、「足し算を掛け算で表す」ことができるかどうかが変わってきます。

$$1+2+3+\cdots\cdots+100$$
$$=\underbrace{(1+100)+(2+99)+(3+98)+\cdots\cdots+(50+51)}_{50回}$$
$$=101\times 50$$

◉ 図形をとらえるように数字をとらえる

ここで**「そもそも、『1と100を足そう』という発想にならないよ」**という人もいるでしょう。僕も昔はそう思っていました。

でもこれ、ちょっとした工夫をすると、「101」という数が見えるようになるのです。

実はかなり意外な話なのですが、その考え方は、「数と計算」の分野ではなく、**「図形」の分野**から学べます。

図形を学ぶときに登場する**「対称」という考え方がわかると、「同じものを探す」ことができるようになる**のです。

みなさんは、**「線対称」**って知っていますか？　ある図形に対して、1本の線を引き、そこを折り目にして折ったときにぴったり重なる図形のことを指します。

たとえば「M」だったら、真ん中に縦線を引いたら左右が同じ形になっていますよね。

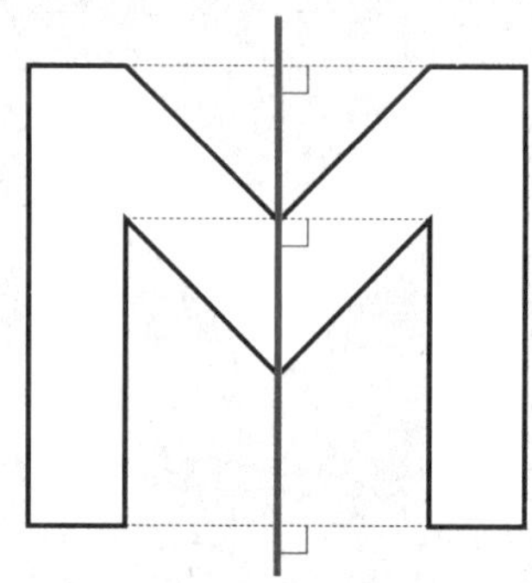

点の位置、点と点同士の距離、形など、そっくりそのまま同じものになります。これで、**1つの大きな図形が、線で分割して、2つの同じ部品の組み合わせでできている**ことがわかるわけですね。

では**「点対称」**はわかりますか？　ある点を中心にぐるっと回したときに、元の形とぴったり同じ形になるもののことを指します。

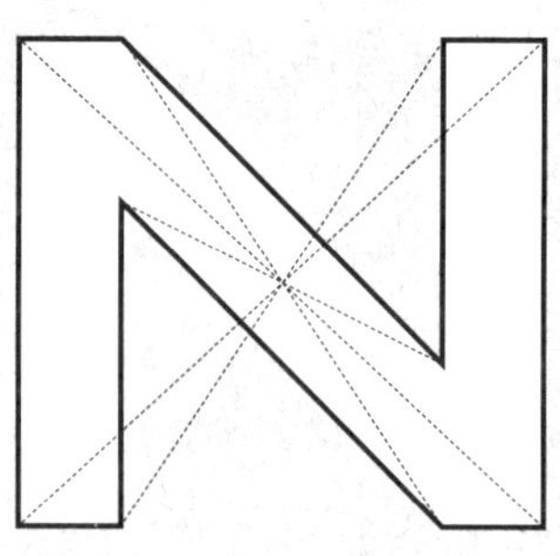

これも先ほどと同じように、１つの図形を２つ以上に分割することができます。

このように、**「対称」という言葉は、ざっくり言うと「なんらかの視点で、図形を２つ以上に分けること」**を指すわけです。

◉ 図形の対称性を活かして「同じもの」を見つける

さて、**この対称を理解すると、「足し算」を「掛け算」にできる**んです。

たとえばこの図形。この図形の中に直角の部分がいくつあるのかわかりますか？

ちょっと見落としやすいですが、雪の結晶のような図形、中心から伸びた６つの枝の先がさらにそれぞれ３つに枝分かれしていますね？

そしてその３つの枝それぞれの角を見てください。ここに直角があります。

「ここと、ここと、ここと……」と順番どおりに数えていくのは足し算の発想です。でも、対称性を使って考えれば、掛け算の発想に持ち込むことができます。

この形は、**6つの同じ形の部分**から構成されていることがわかるでしょうか？　ということは、**中心から伸びた1つの枝の中に、いくつの直角があるのか**わかれば答えが出ます。

図形を見ると、1つの枝の中には6つの直角があることがわかります。ということで「6×6＝36個」が答えだとわかります。

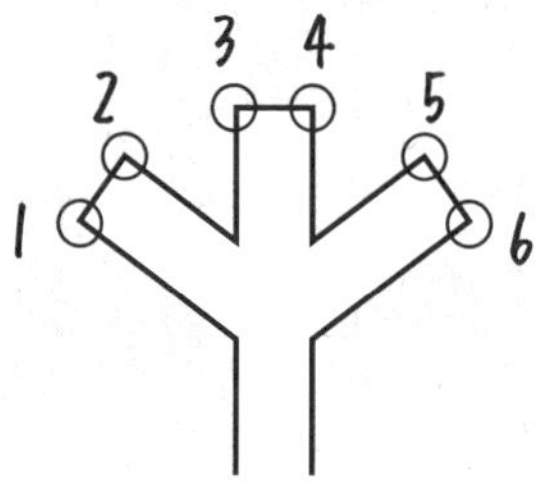

このように、**「対称を見つける」のは、もっとも基本的な「算数の武器」**の1つになります。長さや面積だけでなく、数字もこれと同じ理屈で考えられるからです。それについては、次の節で見ていきましょう。

東大算数
Point 5

数字を図形としてとらえてみよう。

3 〉数字の並びから「対称性」を見つける

◉ 1～100を2つに折ってみると……

このような対称性の武器を理解した上で、先ほどの問題に戻りましょう。

「1＋2＋3＋4＋5＋……＋98＋99＋100」という問題を見たときに、まずは先ほどの「線対称」のように**「真ん中で折ったらどうなるだろう？」**と考えます。この場合の真ん中は、「……＋48＋49＋50＋51＋52＋……」の、50と51の間にあります。

さて、線対称の定義は、「真ん中の線で折ったときに、ぴったり重なるもの」でしたね。今回の場合は、**そこで折っても重なることはありません**。かたや「1＋2＋……＋49＋50」で、かたや「51＋52＋……＋99＋100」ですから、合計が全然違います。

しかし、こうやって考えてみると、わかることがあります。

真ん中で折った場合、合わさるのは「1」と「100」ですね。次は「2」と「99」であり、「3」と「98」です。対称を確認する中で、それぞれの合計が101になっていることがわかるわけです。

簡略化して説明しましょう。

次の○の並びは、「1＋2＋3＋4＋5＋6＋7＋8」を示しています。

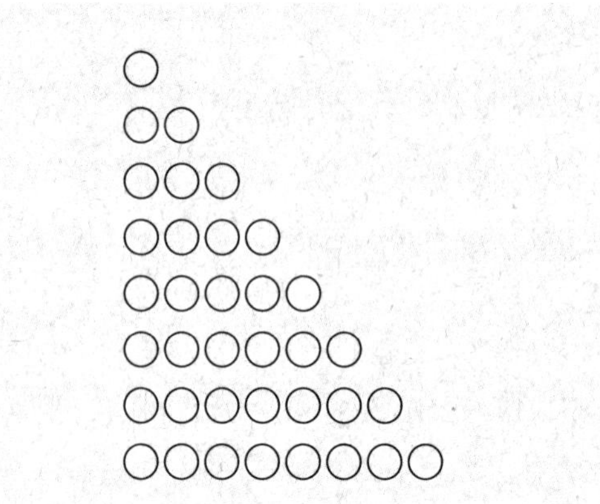

○の数の合計が、「1 + 2 + 3 + 4 + 5 + 6 + 7 + 8」の答えになりますね。

さて、この図で考えるなら、真ん中で線を引いて比較すればいいわけです。

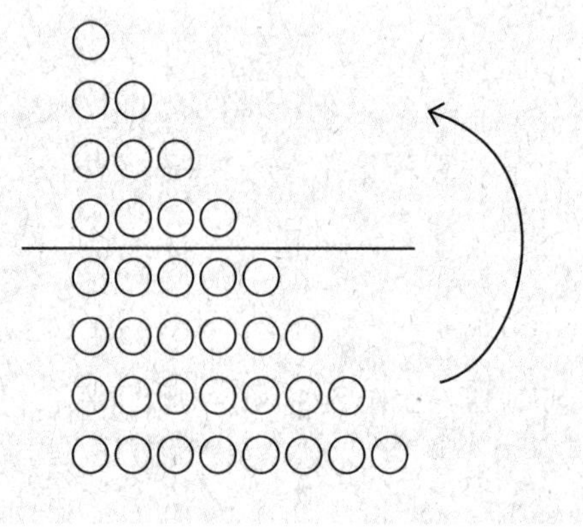

対称を比較するので、線のところで折る想像をしてみましょう。

すると、**下のような感じで、同じ数の○が並ぶ**のです。

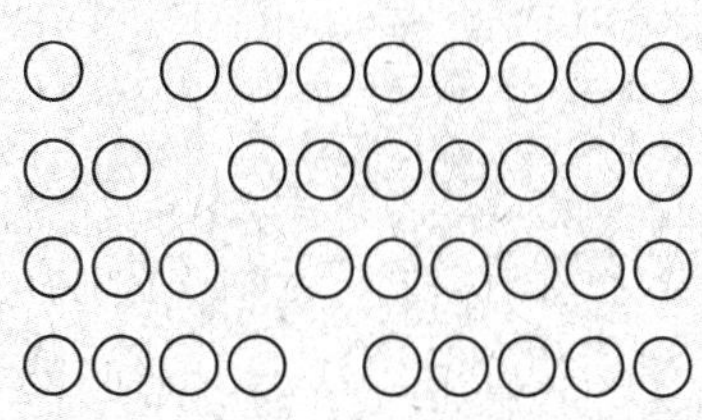

これで、「（1＋8）×4＝36」が答えだとわかりますね。

1～100までも同じ理屈になりますから、このように**対称を探すことで、「101」を出せる**わけです。

◉ 式を「対称」で表してみる

これ、いまは図にしてご説明しましたが、**式だけで「対称」を考える**こともできます。

先ほどの1＋2＋3＋4＋5＋6＋7＋8ですが、これを線対称にするように、反対にしてみましょう。

$$1+2+3+4+5+6+7+8$$
$$8+7+6+5+4+3+2+1$$

こうやって反対になった式を見ていると、1つ気づくことがありませんか？

これ、上下で足し算をすると、先ほどと同じように「9」が出てくるんです。

$$
\begin{array}{r}
1+2+3+4+5+6+7+8 \\
+)\ 8+7+6+5+4+3+2+1 \\
\hline
9+9+9+9+9+9+9+9
\end{array}
$$

「9＋9＋9＋9＋9＋9＋9＋9」は、「1＋2＋3＋4＋5＋6＋7＋8」を2つ足した合計になりますから、これを2で割って「9×8÷2＝36」と計算することができます。

◉ 数字の対称性を探してみる

このようにして**対称性を探していくことで、足し算を掛け算に変換していく**という考え方は、さまざまな場面で応用できます。

たとえば「2＋4＋6＋8＋10＋12＋14＋16は？」と聞かれたら、真ん中が8と10の間ですから、「(8＋10)×4＝72」とわかりますよね。

では、次の問題はどうでしょうか。

みなさんは学校の先生で、
6人の小テストの結果がこんな点数でした。
Aくん：59点
Bくん：37点
Cくん：63点
Dくん：61点
Eくん：41点
Fくん：39点
さて、合計点数はいくつでしょうか？

この問題、**対称性の武器を応用すれば、10秒くらいで答えられます**。

まず、対称性を探しますが、点数順に並んでいないので真ん中がわかりにくいですね。

ですからとりあえず、低いほうから順番に並べてみましょう。

37、39、41、59、61、63

一見バラバラで関係なさそうなこの数字ですが、先ほどと同じように真ん中で折ると、「41と59」の間が真ん中だとわかります。

これでよく見てみると、「37＋63」も「39＋61」も「41＋59」も、全部100だとわかりますよね。

ということは、この答えは「100× 3 ＝300」になります。**数字の**

センスがある人は、「対称性を探して足し算を掛け算にする」計算方式を試しているわけですね。

$$
\begin{aligned}
&37+39+41+59+61+63\\
&=(37+63)+(39+61)+(41+59)\\
&=100\times 3\\
&=300
\end{aligned}
$$

100が3個

◉ 数字が綺麗にそろっていなくても応用できる

さて、ここまで読んで、こんなことを考えた人もいるでしょう。

「今回はたまたま全部100になっただけで、実際はバラバラだったりするじゃないか」と。

おっしゃるとおりで、こんなに綺麗な数になることは、めったにないでしょう。

しかし、この考え方をわかっておくと、応用して計算することができます。

たとえば先ほどのＦくんの点数が39点ではなく、40点だったとしましょう。「40＋61だけ100にならないなあ」「39だったら100なのに、１多いんだよなあ」と思いますよね。

それでも、「39だったら100なのに、１多い」というところまで考えられていれば、「じゃあ、39だと仮定して計算して、最後に１を足せば答えになるんじゃないか」と考えることができますよね。

$$37+40+41+59+61+63$$
$$=(37+63)+(39+61)+(41+59)+\underline{1}$$
$$=100\times 3+\underline{1}$$
$$=300+\underline{1}$$
$$=301$$

綺麗な数を意識した上で、そこからあふれたら、後から軌道修正していけばいいのです。この「綺麗な数に直して後から軌道修正」という方法は、また別の項目でもお話しします！

東大算数
Point 6

対称性を探して足し算を掛け算にすると、計算がラクになる。

「計算間違い」がグッとなくなる！足し算・引き算のエッセンス

——東大生は、足し算の本質を理解して使いこなす

Quiz

Q　5＋2×3を足し算にしなさい

Q　3－1を足し算にしなさい

1 〉まずは「簡略化されたもの」を元に戻すこと

計算の順番は、「掛け算・割り算」→「足し算・引き算」

CHAPTER 1では、足し算と掛け算についての話から、「計算を速くするため」の武器をご紹介しました。

CHAPTER 2では、**足し算と引き算についての理解を通して、「正確な計算をするため」の武器**をご説明していきたいと思います！

……と言ったら、みなさんはけっこう驚くのではないでしょうか。

「え、CHAPTER 2は『足し算と引き算』なの？」

「さっき掛け算について説明したのに、その後で足し算と引き算について説明するの？」

と。

たしかに普通は逆ですよね。小学校では足し算と引き算の後に、掛け算とか割り算の勉強をすると思います。

この順番で教育が行われている意味は、CHAPTER 1で説明したとおり、掛け算は足し算を簡略化したものだと言えるので、足し算の勉強をしないと掛け算は理解できなくなってしまうからでしょう。

しかし、今回この本であえて「足し算と掛け算」の後に「足し算と引き算」の項目をご説明するのには理由があります。

それは、**「掛け算・割り算」の後に「足し算・引き算」をするのが「計算の順番」だから**です。

たとえば、次の計算の答えはなんでしょうか？

$$5+2\times3=?$$

「21」と答えた人は間違いです。おそらく「5＋2＝7」を計算してから「7×3＝21」と計算したんでしょうが、それではいけません。

なぜなら、算数には**「掛け算・割り算」の後に「足し算・引き算」をする、というルール**があるからです。

「5＋2×3」であれば、先に「2×3＝6」を計算する必要があります。そして「5＋6＝11」と計算していくのです。なので、この答えは「11」です。

間違いのパターン
5+2×3
[5+2]=7
[7]×3=21

正解のパターン
5+2×3
[2×3]=6
5+[6]=11

◉ まず「掛け算・割り算」で、簡略化されたものを元に戻す

わかる人にとっては簡単な問題だったと思いますが、もう1つここでクイズです。

なぜ、「掛け算・割り算」の後に「足し算・引き算」をするというルールがあるのでしょうか？ なぜ「掛け算・割り算」を先に計算しなければならないのでしょう？

答えとしては「そういうルールだと決まっているから」でしかないのですが、しかし**この順番には、なにか意味がある**ように思いませんか？

このルールを理解するために、先ほどのおさらいをしましょう。

掛け算は、足し算を簡略化したものでしたね。そして、実は同じように、**割り算も引き算の簡略化**だったりします。

大雑把に言えば**「掛け算・割り算」は「足し算・引き算」の応用でしかない**のです。

そう考えると、**算数の世界において存在する計算方式は、「足し算・引き算」しかない**んですよね。

面倒ではありますが、「掛け算・割り算」を「足し算・引き算」

に置き換えて計算することは、一定の計算式においては可能です。

たとえば、「5＋2×3」は、「5＋2＋2＋2＝11」と足し算だけで表せます。「6÷3＋3×3」は、「6－2－2＋3＋3＋3＝11」と足し算と引き算で表せます。先ほどからなんども登場しているとおり、**簡略化されているだけ**なのです。

だからこそ、このルールなのです。「掛け算・割り算」の後に「足し算・引き算」をするのは、**簡略化したものを元に戻してから計算している**のと同じなのです。

逆に、**簡略化したものを元に戻さずに計算してしまうと、答えが変わってしまいます**。

たとえば先ほどの「5＋2×3」だって、計算の順番が変わってしまったら答えが変わってしまいましたよね。それもそのはずで、「5＋2」を先に計算すると、「2×3」という**簡略化された計算に割って入ってしまう**ことになるからです。

◉「(　)」も簡略化ルールの１つ

いかがでしょうか？　普段何気なくしている「計算式」というものについて、理解が深まってきたのではないでしょうか？

これがのちのち、**「計算を正確にしていくための武器」**として深く理解できるようになっていくので、もう少し「計算式」についての話をさせてください。

「簡略化」という目線で見ると、実はもう１つ、計算式についてお話ししておかなければならないことがあります。それは**「(　)」の使い方**です。

「5＋2×3」で、「5＋2」は後！　となんどもお話ししていますが、しかし計算の中には、「5 + 2」を先にする必要がある場合もあります。

それは、

$$(5+2)\times 3$$

のときです。これは、「5 + 2 = 7」を先に計算して、「7 × 3 = 21」になります。

「( ) がついている計算は、先にやらなければならない」というルールがあり、だからこそこの場合は「5 + 2 = 7」が先になります。

このルールも、「なんでこのルールがあるんだろう?」と思う人も多いと思います。実は**これも簡略化の一種**です。

$$(5+2)\times 3=7\times 3$$

と計算していくのは、「(5 + 2) × 3」という足し算と掛け算の式を、「7 + 7 + 7」という足し算の式にするのと同じですね。

そして、この ( ) のついた計算は、**「7+7+7」という解釈以外にも、こんな解釈もできる**んです。

$$(5+2)\times 3=5\times 3+2\times 3$$

（　）は、このように（　）の中のすべての数に掛け算をする計算方式です。実はこれも、**掛け算が足し算の簡略化の一種だったのと同じように、計算の簡略化の一種**なんです。

実生活に置き換えてお話ししましょう。日本のコンビニで商品を買うとき、消費税がつきますよね？　10%なので、すべての商品の値段が1.1倍されます（ここでは軽減税率は無視します）。

この消費税の計算は、すべての商品に適用されるわけですから、本来は１個１個計算していくはずです。

「100円の商品なので＋10円、次が200円の商品なので＋20円、次が300円の商品なので＋30円……」と、１つひとつに適用されます。

が、しかし、ほとんどのコンビニのレジではこのような計算はしません。**全部の商品の合計金額を出した上で、その合計金額を1.1倍して計算する**と思います。

こうすれば、**答えは同じになりますし、計算の回数も少なくてすむから**です。

１つひとつの計算をしていくと、計算がとても多くなってしまいます。たとえば３つの商品を買ったら、１つの商品につき１回ずつ、合計３回計算した上で、さらに全体の足し算をするので、４回の計算が必要になります。

しかし、３つの商品の合計金額を出して、その答えに1.1を掛けるだけなら、２回の計算ですむんですよね。

① ④ ② ④ ③

× $100\times1.1+200\times1.1+300\times1.1$ ▶ 4回

○ $(100+200+300)\times1.1$ ▶ 2回

① ②

これも、簡略化です。CHAPTER 1 で「同じものを探す」という算数の本質についてお話ししましたが、これもまったく同じことです。

同じ部分を含んだ足し算は、掛け算で簡略化することができ、そのときに使う記号が（　）なのです。

東大算数 Point 7

同じ部分を含んだ足し算は、掛け算で簡略化することができる。

2 〉計算式はすべて「足し算」の簡略化である

◉「引き算」も「足し算」の一種

ここまで読んできていただいて、わかってきたと思うのですが、**「足し算・引き算を、いかに簡略化するか」というのが、算数の1つの本質**なのだと思います。

計算とは、掛け算を使ったり、割り算を使ったり、（　）を使って同じものをくくったりして、**「足し算・引き算」をいかに簡単にしていくか、というゲーム**なのです。

どこまでいっても、本質は「足し算・引き算」。

だからこそ、**いろんな計算をした上でいちばん後にやるのは「足し算・引き算」だ**ということです。これを理解してもらうために、今回僕はわざと、掛け算の後に足し算・引き算の項目を持ってきたのです。

さらにもっと言えば、さっきから律儀に「足し算・引き算」とお話ししてはきましたが、**厳密には「引き算」って、「足し算」なんです**。

「は？　引き算が足し算って、どういうこと？」と思われるかもしれませんが、これは実際、算数においてはポピュラーな考え方なんです。

$$3-1=2$$

というのが引き算ですね。3から1を「引」いて、2にするから、引き算である、と。

でも、この計算ってこういう書き方もできますよね（厳密には中学校の数学の範囲ですが……）。

$$3+(-1)=2$$

この計算式は、**3に「－1」という数を「足した」結果が2**、という意味になります。こうすれば、「引き算」ではなく「足し算」になりますよね？　だから実は、引き算って、足し算の応用なんです。

たとえば、AさんがBさんに100円あげる場面を考えてください。

Aさんは100円の損をして、Bさんは100円の得をしたことになります。ですが無理やり言えば、Aさんは「－100円の得」をして、Bさんは「－100円の損」をしたと言うこともできますよね。

「ありがた迷惑」なんて言葉もあります。「マイナスなプレゼント」という概念も世の中には存在しており、＋と－は表裏一体だと言えます。

そういう考え方で言えば、**マイナスかプラスかはわからないけれど、計算はすべて、「足し算」が本質**なのです。

「引き算・掛け算・割り算」はすべて、「足し算」の応用でしかありません。**すべての計算は「足し算」**なのです。

◉ 中学校数学で最初に習う「項」とは

またまた「算数」の範疇を超えてしまうのですが、中学で「数学」の勉強をスタートするとき、いちばんはじめに習うのは**「項」**という考え方です。

「項」は、**「＋で結ばれたそれぞれ」**のことを指します。

たとえば「２＋３＋４」だったら、２と３と４が「項」です。

そして、「２－３＋４」だったら、２と「－３」と４が「項」になります。**「2－3＋4」は、「2＋（－3）＋4」だから**です。

「２＋２×３＋４」はどうでしょう。これは、２と「(２×３＝)

6」と4が「項」になります。

そして、この**「項の足し算」こそが、「計算」**なのです。ここからどんなに数学が難しくなっても、この「項」にx、yなんて文字が入ったとしても、「項の足し算」であることに変わりはないのです。

なぜ中学1年生のいちばんはじめに習うのがこれなのかというと、**「そもそも計算というのは本質的には足し算でしかない」ということを再確認する**目的があったんですね。

その目的が達成できているかどうかはさておき、この「項」の考え方は理解しておくべき武器である、と言えるでしょう。

さて、この**「すべては足し算！」という考え方を理解できると、計算が速くなり、間違えないようになります**。

たとえば、

$$4+7-5\times2+3\times3=?$$

の計算は、計算の順番のルールに従って解けば「4＋7−10＋9だから、10」と簡単に答えられると思います。ですが、先ほどの話を聞いて**「すべては足し算！」という考え方を理解していると、この式が違って見える**はずです。

「4＋7−5×2＋3×3＝4＋7−10＋9」と計算するのは、まずそれぞれの「項」の数を計算で求めていると考えられますよね？（厳密に言うと4＋7＋（−10）＋9ですが）

このように**計算式を「足し算の簡略化」だととらえ直す習慣があ**

ると、計算を間違えることがどんどん少なくなって、正確な計算ができるようになるのです。

◉「すべて足し算」に置き換えてみるとわかりやすい

たとえば、次の計算は意外と間違える人が多いのですが、**「足し算の簡略化」だととらえ直すと簡単**です。

$$5-0\times4-3=?$$

まず、これを「5」と答えている人はいないと思います。「5－0＝5」「4－3＝1」「5×1＝5」と計算してしまうと5になるのですが、これは違いますね。

順番の話をなんどもしているので、掛け算→足し算・引き算という順番はわかってもらえているはず。「0×4＝0」を先に計算するのはわかると思います。

ただこの計算、もう1つの誤答として、「8」と答える人が多いのです。

「0×4＝0」を計算して、「5－0－3」が出てきて、「5－(－3)＝8」と答えてしまうわけですね。**マイナスが多くって、あべこべになってしまいがち**なのです。

この式を、「すべて足し算」だと考えてみましょう。すると、「5＋0＋(－3)」になりますね。こうすれば、「5－3＝2」だとすぐにわかると思います。

このように、**難しく感じたときには「一度足し算に変換して、計**

算を行う」という意識を持つと、計算が正確になっていきます。

東大算数
Point 8

「引き算」を「足し算」に変換して考えてみよう!

数字の「見え方」が変わる！割り算のエッセンス

——東大生は、数式を操作してラクに計算する

Quiz

Q 14－２÷３×６は？

Q 2222÷25は？

1 割り算は「いくつに分ける」とは考えない

濃度200%のカルピスはありうるか？

次は**「割り算」**についてお話ししたいと思います。

社会に出ると、「会社の成長率が～」や「この製品の事故率が～」など、**「率」や「割合」をいろんな場所で使う**ことになります。

でも、**割り算を本質的に理解していないと、勘違いしてしまったり、本当には話を理解できていない状態になってしまったりする**こともあります。CHAPTER 3では、割り算を詳しくご説明しようと思います。

さて、1つ笑い話をします。カルピスという飲み物を知っていますか？　あれって美味しいですよね。

原液のカルピスを水で薄めて飲むのが通常の飲み方だと思うのですが、みなさんはどれくらいの割合がお好みですか？　たとえばカルピス300mlに対して水を700mlくらい入れる人っていますよね。この場合、完成するのは**30%の濃さのカルピス**になります。

ちょっと薄くて100mlに対して水を900mlくらい入れる人は、**10%の濃さのカルピス**を飲むことになります。

そんな人はほとんどいないと思いますが、カルピスの原液をそのまま飲む人は、**100%の濃さのカルピス**を飲んでいることになります。

で、僕は算数が全然できなかった時代に、こんな妄想をしていました。

「100%の濃さのカルピスに、100%の濃さのカルピスを混ぜたら、濃度200%のカルピスができるはずだ！」

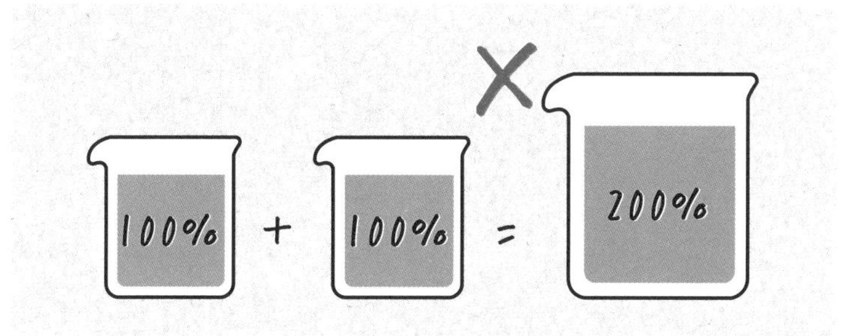

そんなわけはないのですが、割り算を理解していないと、こんな勘違いをしてしまいます。

ちなみに、自分だけかと思ったら、いま僕が教えている生徒が

「ヤクルト1000が売り切れだったから、ヤクルト400を２本飲んで代用したんだー」と言っていて、**意外とこの勘違いをしている人って多いんだな**と感じました（笑）。

さて、ではなぜ200％カルピスはできないのでしょうか？

それは、**「％」とは「割合＝もとにする量を１としたときの、比べる量を表す数」**だからです。

たとえば、「６÷３」を考えてみましょう。この数式を、**「６つのものを３つに分ける」**と考えて「２」と答えている人って多いのではないでしょうか？

たとえば小学校で、「６個のお菓子を３人で分けたら、１人２個になるよね。だから、『６÷３＝２』なんだよ」というような説明を受けた人、多いのではないかと思います。

「１あたり、いくつか」で考える

この考え方は間違っているわけではまったくありません。

でも、その解釈で言うと、**「６÷0.5」、つまり「６つのものを0.5つに分ける」**とか、**「６÷１/３」、つまり「６つのものを『１/３つ』に分ける」**とか、そういう計算がよくわからなくなってしまいます。

ですから、こう解釈してみましょう。

「１あたり、いくつか」を考えるのです。

６つのお菓子があったときに、３人で分けると考えると、「１人あたり、何個のお菓子を食べることができるのか」ということですね。この場合、「３人あたり６個」ですから、「１人あたり２個」のお菓子ととらえて、答えは２になります。

このように、**「１あたり」に直していくのが、割り算**なのです。ですから６÷0.5は「0.5あたり６つ」→「１あたり12」になります。

６÷１/３は少し難しいですが、「１/３あたり６なら、１あたりはいくつか」という意味になります。ということは、１/３と比べると１は３倍になるので、６を３倍にして18となります。

割り算とは「１あたり、いくつか」
「3あたり6」なら「1あたり」は？　→「6÷3=2」
「0.5あたり6」なら「1あたり」は？　→「6÷0.5=12」
「1/3あたり6」なら「1あたり」は？　→「6÷1/3=18」

さて、では「30％のカルピス」とはどういう意味でしょうか？計算式で書くと、「300ml ÷1000ml」となります。

30%カルピスとは？

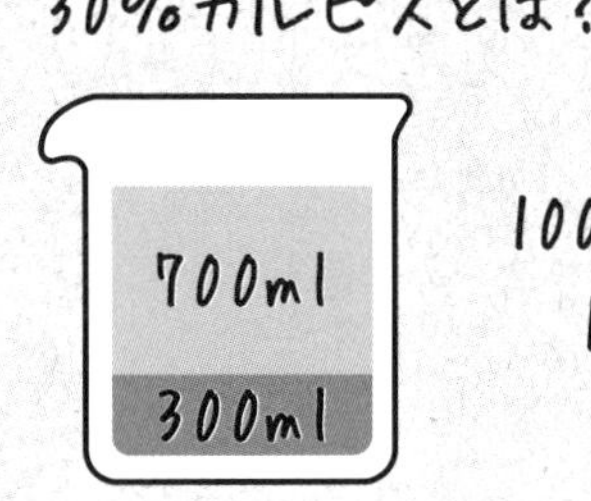

1000mlあたり300ml
10mlあたり3ml
1mlあたり0.3ml

ですから、先ほどの感覚でいくと「１mlあたり、どれくらいのカルピスが入っているのか」ということですね。で、「1000mlあたり300ml」なので、300mlを１/1000にして、「１mlあたり、0.3ml」となります。

こう考えると、100％のカルピスは「1000ml ÷1000ml」、つまり「１ml あたり１ml」のカルピスとなります。これを２つ混ぜるということは、「(1000ml ＋1000ml) ÷ (1000ml ＋1000ml) ＝2000ml ÷2000ml」となります。

「2000ml あたり2000ml」であるということは、１ml あたりはどうでしょう？　２ml になりますか？　なりませんよね。**「１ml あたり、１ml」**なのは同じ。ですから、割合としては変わっていないのです。

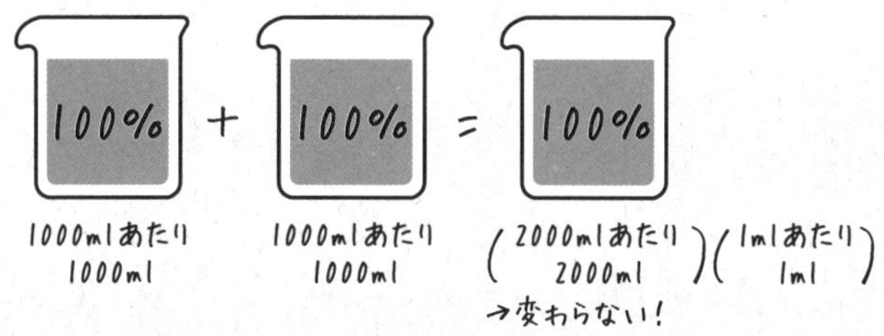

東大算数 **Point 9**

100%のカルピスと100%のカルピスを混ぜても、200%にはならない！

2 〉割り算は工夫次第で「いくらでも簡単」になる

◉ 割り算と掛け算は順番を変えても OK

さて、もう少し詳しく割り算について説明していきましょう。

「四則演算の中で、割り算だけが特殊な要素」はなにか、みなさんはわかりますか？　正解は**「あまり」が出ること**です。

足し算も引き算も掛け算も、計算すればしっかり答えが出ますよね。「３＋４＝７」「４－３＝１」「３×４＝12」というように、答えが明確です。

でも**割り算は、割り切れないことがあります**。小数で表すことができる場合もありますが、そもそも計算しきれないものもあります。

「答えがない場合がある」というのが、割り算の難しいところだと言えるでしょう。

だからこそ、割り算は**「答えをしっかり出す」ための工夫**をする必要があります。

たとえば、次のような計算をしてみましょう。

$$14-2\div3\times6=?$$

まず、この問題に「24」と答えを出した人がいたら、その人はそもそもの計算のルールがわかっていませんね。

「14－２だから12だよな。で、12÷３×６で、24だな！」と考えてしまったのだと思いますが、そもそも最初のところで間違えています。

なんども説明したとおり、掛け算と割り算を計算した後で、足し算と引き算をするというルールがあります。「２×１－１」は、まずは「２×１」をして、その後で１を引くのです。なので「２－１

＝１」になるわけですね。

ですのでこの場合、「２÷３×６」を先に計算する必要があるのです。

ですが、ここで１つ問題が生じます。**2÷3って、割り切れない**ですよね。ここで計算がストップしてしまい、答えが出せなくなってしまうのです。

ここでみなさんにお伝えしたいのが、**「答えをしっかり出すための工夫」**をするということです。そのまま計算するのではなく、**順番を変えたり、綺麗な数が出るように工夫したりと試行錯誤する**ことで、割り算の答えを出せるようにしましょう。

「掛け算・割り算」の後で「足し算・引き算」をする、という計算の順番を先ほどお話ししましたが、しかし**「掛け算・割り算」の順番は変えても問題ありません**。

ですから、「２÷３×６」は、「２×６÷３」としても問題ないのです。こうすれば「２×６÷３＝12÷３＝４」と計算することができます。

だからこの問題は、「14－２÷３×６＝14－４＝10」と計算することができるわけです。割り算は、答えを出せるように工夫をすることが大切なのです。

割る前の数と割る数にそれぞれ同じ数を掛けてみる

同じように、この問題はどうでしょう？

2222÷25＝？
（割り切れない場合は小数で答えてください）

普通に暗算したら難しいですよね。「2222÷25」というのは割り切れなさそうです。でもこれ、**東大生なら３秒で答えられます**。

先ほどのように、順番を変えて対応することはできません。ですが、**そのまま計算する必要はありません**。

割り算の１つの性質に、**「割り算の答えは割合なので、割られる数と割る数に同じ数字を掛けても、答えは同じになる」**というものがあります。

たとえば、商品の割引きを考えましょう。100円の商品が50円になったと考えると、その割引きの割合は「50÷100＝0.5」と計算できます。「５割引」ですね。

この「0.5」という答えは、元の金額がいくらでも変わりません。200円の商品は５割引になると100円になりますが、これは「100÷200＝0.5」で同じになりますね。300円の商品は５割引になると150円になりますが、これも「150÷300＝0.5」で答えが同じになります。

$$50 \div 100 = 0.5$$
2倍
$$100 \div 200 = 0.5$$

$$50 \div 100 = 0.5$$
3倍
$$150 \div 300 = 0.5$$

要は、割られる数と割る数の両方に同じ数を掛けても、答えは変わらないということです。3÷1も、6÷2も、9÷3も、答えは同じになります。

答えが同じなのですから、**この性質を利用した武器**が使えます。

それが、**「綺麗な数になるまで掛け算する」**という武器です。

「2222÷25」も、2つの数にある数を掛ければ、簡単に答えを出すことができます。

25で計算するのは難しいです。しかし、**25に4を掛けたら、100というとても綺麗な数になります**。

ですから、「2222」と「25」の両方を4倍すればいいのです。

$$2222 \div 25$$
$$= 8888 \div 100$$
$$= 88.88$$
4倍

ということで、**両方を4倍して計算すれば、「88.88」が答えだと、**

すぐに計算することができるのです。

小数点がついても同じ

では、次の計算はどうでしょう？

$$200 \div 12.5 = ?$$

これも実は先ほどと同じように解くことができます。

「12.5」は、２倍すると「25」ですよね。「25」を４倍すると「100」です。

ということは、「12.5×８＝100」だとわかります。これがわかれば、もう答えは出ますね。

$$\begin{aligned} &200 \div 12.5 \\ &= 1600 \div 100 \quad (8倍) \\ &= 16 \end{aligned}$$

簡単に計算できましたね。

この方法は、**１桁目が５の倍数である場合**にうまく利用できます。

たとえばこの問題。

$$1540 \div 35 = ?$$

ちゃんと計算しようとすると難しい問題ですが、**両方を２倍**すると解きやすいです。

$$(1540 \times 2) \div (35 \times 2)$$
$$= 3080 \div 70$$
$$= 308 \div 7$$

と、**１桁の数で割る問題**に変わりました。これを計算して、44が答えになります。

割り算は、このように**順番を変えたり、キリのいい数に直すと、計算が簡単になります**。割り算の性質をよく理解して、試行錯誤するようにしましょう。

東大算数
Point 10

割り算は、順番を変えたり、キリのいい数に直したりすることで簡単な計算に変換できることがある。

CHAPTER 4

数に対する「理解」が深まる！約数のエッセンス

――東大生は、日常生活に潜む「約数」を探している

Quiz

Q 207÷138は？

Q 友達４人と文房具店に行ったときに、４人のお会計が、それぞれ「330円」「726円」「1155円」「957円」でした。さて、この４つの数字に共通する約数はなんでしょうか？

Q 133は７を約数に持つか？

1 〉約数で「数字の正体」を解き明かす

約数を使うと割り算がラクになる

次は、「約数」に関する話です。数の性質である「約数」をきちんと理解していると、数に対する理解が深まります。

約数とは、「その整数を割り切ることができる整数のこと」を指します。たとえば「６」は２とか３で割り切ることができますよね。また、６÷６＝１であり６÷１＝６なので、６でも１でも割り切ることができます。

ということで、**６は「１、２、３、６」という約数を持っている**ということになります。

約数を理解していると、計算のスピードが圧倒的に速くなります。というのは、その数がどんな約数を持っているかがわかると、**掛け算・割り算がとても簡単になる**からです。

たとえば次の計算をご覧ください。

$$32 \div 56 \times 28 \div 24 = ?$$

この計算に、**このまま立ち向かうのは得策ではありません**ね。CHAPTER 3でお話ししましたが、割り算はうまく工夫する手段を探さないと答えが出なくなってしまいます。「32÷56ってなに!?」となってしまうわけですね。

ここで登場するのが、約数です。

32は、２×２×２×２×２ですので、「１、２、４、８、16、32」が約数になります。

56は、２×２×２×７ですので、「１、２、４、７、８、14、28、56」が約数になります。

28は、２×２×７ですので、「１、２、４、７、14、28」が約数になります。

24は、２×２×２×３ですので、「１、２、３、４、６、８、

12、24」が約数になります。

こうすると、32と24は「８」が同じ約数であり、56と28は「28」が同じ約数としてあることがわかりますね。だから**この２つの数でそれぞれを割ったほうが速い**のです。

$$32 \div 24 \times 28 \div 56$$
$$= 4 \div 3 \times 1 \div 2$$
$$= \frac{2}{3}$$

ということで、**割り算の際には同じ約数で約分すると、数を小さくすることができて計算が簡単になっていく**のです。

◉ 割り算は、「共通項を見つけて、それを削っていく」

CHAPTER 1 でお話ししましたが、**「足し算」の同じ部分をくくったのが「掛け算」**です。

この言い方で言うと、**割り算は、くくられた「同じ部分」を削っていく作業**だと言っていいでしょう。その意味で、**「同じ部分」を見つけることができれば、どんどん数を小さく、計算しやすくできる**わけです。

要するに、**割り算は「共通項を見つけて、それを削っていく」**というのが鉄則になります。この「共通項」「同じ部分」というのを見つけるためには、**数を分解していくつかの要素に分けていく**ことが有効です。

なので、実は足し算や引き算と違って、**割り算は「項目が多いほうが速く計算できる」**場合があります。

普通、足し算や引き算では「2＋3＋6－4＋7＋……」と、計算しなければならない項目が多くなると、その分、計算の時間や手間は大きくなってしまいます。

ですが、**割り算はその逆で、項目が多くなるとその分「共通項」が見つけやすくなって計算が速くなります**。ヒントが多くなるんです。

たとえば、「264÷66」よりも、「(2×2×2×3×11)÷(2×3×11)」の計算のほうが、速く解くことができますよね。÷の前と後で「2×3×11」の部分が同じだから、ここは消えて、「2×2＝4」が答えだとすぐにわかると思います。

そして、**この「共通項となる同じ数」を見つける際に、約数の概念はとても使いやすい**んです。

数字のセンスのある人は、大きな数を大きな数のままで理解するのではなく、**約数を見つけて、分解して、計算を工夫する**ようにしています。約数を使うと、大きな数を分解したり、2つの数を見比べたりすることができるようになるのです。

たとえば、「207÷138」は？　と聞かれても、多くの人はパッと答えられないと思います。

でも、**「同じ部分」を見つけようとすれば、実は簡単に答えられる**んです。

まず、138と207の約数はなんでしょうか？

138は、「２×３×23」ですので、「１、２、３、６、23、46、69、138」が約数になります。

207は、「３×３×23」ですので、「１、３、９、23、69、207」が約数になります。

同じく登場している中でいちばん大きい数は、「69」という数字ですね。ということは、138と207は両方とも69で割ることができます。

$$207 \div 138$$
$$= 3 \div 2 \quad (\div 69)$$
$$= \frac{3}{2}$$

という感じで、簡単に計算することができてしまいました。

このように、**約数を理解することで、計算がとても速くなる**わけです。

東大算数 **Point 11**

約数を上手に見つけると割り算が速くなる。

2〉約数を見つける「東大算数」の武器

◉約数をどう見つけるか

さて、ということでここまで「約数がわかれば計算が簡単になる」という話をしてきました。

ここからは、**どうすれば約数を頭の中で出すことができるのか**についてお話ししたいと思います。結論から言うと、**とにかく目に入った数に対して、「これはどんな約数を持っているんだろう？」と考える**のがいちばんです。

東大生も含めて、**数字のセンスのある人って、「その数がなにで割れるのか」に対してとても敏感**だなと思います。街を歩いていても、目に入る数字を見て「これはなにで割ることができるだろう？」ということを考えています。

「あのタクシーの番号は1024か。２の10乗だな」

「いまは21時24分か。2124って、どんな約数を持っているだろう？　４で割れるのはわかるけど、531って素数かな？　あ、９で割ったら59だな」

と、約数を探す遊びをしているのです。

ちょっとエピソードを紹介しましょう。

僕が友達４人と文房具店に行ったときのこと。４人のお会計が、それぞれ「330円」「726円」「1155円」「957円」でした。

東大生の友達がこう言いました。「この４つの数字に共通する約数はなんでしょうか？」と。

「え？　なんだろう？」と僕が考えていると、すぐに別の友達がこう言いました「簡単だよ、11だ」と。

答えを出すのが速いなぁ、と思ったのですが、実は「11」には1つのカラクリがありました。みなさんは、なぜ彼がすぐに答えがわかったのか、わかりますか？

ポイントは、**この数字が「お会計」だった**ことです。購入したすべての商品に消費税が10%かかるんです。

10%の消費税がかかるということは、お会計の金額は1.1倍された後のものであり、つまりはほとんどの場合、11の倍数になっているのです。

300円（商品の値段）×1.1（消費税分）＝330円
660円（商品の値段）×1.1（消費税分）＝726円
1050円（商品の値段）×1.1（消費税分）＝1155円
870円（商品の値段）×1.1（消費税分）＝957円

実際には、1.1倍して小数が出る場合は切り捨てになるので、すべてが11の倍数というわけではありません。

それでも多くの場合、お店で買った商品の値段は11の倍数になっているわけですね。だから彼は、すぐに「11」と答えられたのです。

ということで、「この数の約数はなんだろう？」と、試行錯誤を繰り返しながら計算する習慣を持つことで、**数に対する理解度が高まり、数字に強くなれる**というわけです。

こうやって試行錯誤を繰り返すと、**「ああ、明らかにこの数は○の倍数だな」**とわかるようになります。

たとえばどんなに数が大きくても、下１桁が「０、２、４、６、８」なら、２の倍数です。672632は、６桁の大きな数ですが、２の倍数になることは明らかですよね。

また、**「すべての桁の数がその数で割れるなら、その数で割り切れる」**というのもわかってくると思います。たとえば３の倍数は３、６、９などですが、すべての桁の数が「３、６、９」で構成された数、「6936」などは、３で割り切れます。

単純に筆算をしてみればわかるのですが、どの桁も３で割れるから、そのまま綺麗に割り切れるんですよね。

6936→6も3も9も、3で割り切れる
⇒3の倍数！

◉ 足し算と引き算を使って約数を見つける

その上で、これを応用するとこんな方法を使うことができます。

たとえば、**「133は７を約数に持つか？」**という問題があったとして、みなさんは３秒で答えられますか？

「え！　そんなの、知らないよ。133を７で割らないと」と思うかもしれませんが、東大生はそんなことをしなくても答えられます。

実は**これ、133という数の約数を覚えていなくても、７の倍数かどうかをたしかめられる**んです。

「掛け算は、足し算を簡略化したものだ」という話はなんどか登場していますね。

ということは、**133が仮に7の倍数だとしたら、「7＋7＋7＋……」と、7を何回も足していった先で、「133」になっているの**だと解釈できます。

では、133に、もう1つ7を足してみましょう。すると、140になりました。140は7の倍数ですよね？　だって、「2×7」が14で、「14×10」で140です。だから140は7の倍数だというのは、みなさん、すぐにピンとくると思います。

そして、140は「133＋7」ですから、**140が7の倍数なら、133も7の倍数になる**とわかります。

133＋7＝140
14は、7×2で7の倍数！
ということは、140は7の倍数！
⇒133も7の倍数！

◎ 一見難しそうな数字でも、約数がすんなり見つかる

このように、**「この倍数になるかな？」という数を足したり引いたりして、キリがいい数（たとえば1の位が0になるような数）をつくれるかどうか試行錯誤すれば、答えが出る**わけです。

先ほどの「207÷138」のとき、207と138の約数ってみなさんはどう出しましたか？

僕は、次のように考えました。138は先ほどの方法で考えれば明らかに２の倍数で、「138÷２＝69」と計算できます。次に、69は先ほどの方法で考えればすべての桁の数が３の倍数なので明らかに３の倍数で、「69÷３＝23」と計算できますよね。だから138＝２×３×23だとわかります。

その上で、**「じゃあ、207は23の倍数だろうか？」**という疑問を持ったのですが、これに関してはすぐにわかりました。

だって、207に23を足したら、230になりますよね？　230は明らかに23の倍数ですから、207も23の倍数だとわかります。

このように、約数を理解することができれば、数を分解して物事を理解しやすくなっていきます。

207＋23＝230

23は23の倍数！

ということは、230は23の倍数！

⇒207も23の倍数！

分解というのは、重要な算数の武器の１つです。

大きくて複雑な機械でも、分解してしまえば小さな部品の集合体としてできているのと同じように、**大きな数も分解してしまえば小さな数の掛け算でしかない**わけです。

だからこそ算数では、**大きな数を分解し、小さな数にすることで、自分の理解可能な範疇に持ってきて理解していく**行為を繰り返します。

約数の理解は、その第一歩。その数がなにでできているのかを理解する重要な概念です。みなさん、ぜひ自分の中にこの概念をインストールしてもらえればと思います！

東大算数 Point 12

計算の得意な人は、約数の見つけ方を知っている。

「使い分ける」と世界が変わる！小数・分数のエッセンス

――東大生は、小数と分数を必要に応じて使い分ける

Quiz

Q 1.2＋1/3＝？

Q 1 ＋ 1/5 ＋ 3/100 ＋ 1/250 ＋ 1/2000 ＋ 3/50000＝？

1 〉分数だけがもつ「メリット」を知っていますか?

分数と小数という２種類の数字

「４÷８の答えはなんですか？」と聞かれて、みなさんはパッと答えられるでしょうか？

答えられる人は多いと思うのですが、実はこの質問には**２つの答え**があります。

「0.5」と、「１/２」です。

算数においては、整数で割り切れなかった際には、**小数もしくは分数という２つの種類の数字で表す**ことになっています。

0.5などの「.」を使って表現するのが小数であり、「分子/分母」、つまり「1という分子を2という分母で割ったときの数は1/2」というように表現するのが分数です。

ちなみに、ここからの話で分数の話はなんども出てくるので先に前提の確認なのですが、**分数は「計算の途中」の数**です。「1/2」は、「1÷2」をまだ計算していない状態で表す数なのです。

割り算をしたら、その答えとして「0.5」が出てきます。でも、**その計算をいったん止めて、計算の途中のままで進める記号が、「分子/分母」の分数**なのです。

「え？　なんで途中でやめちゃうの？　計算しちゃえばいいじゃん」

「というかそもそも、小数と分数って、2つも表現方法がいるの？」

とお考えの方もいるかもしれません。僕も昔は、「全部分数か小数で考えちゃったほうがラクじゃないか？」と思った記憶があります。

でも、実はこれ、**2つの数が存在しているからこそできることが明確にある**のです。そして、分数が計算の途中の数だからこそ、**分数をうまく使いこなせば、計算が本当に速くなる**のです。

それを理解するために、みなさんにはこんな計算をしてもらいましょう。

$$1.2+\frac{1}{3}=?$$

この計算、一見なんの変哲もない計算なのですが、あることに気づかないと解けない問題です。

◉ 小数にすると面倒な数も分数ならシンプルに表せる

まず、この問題は1.2という小数と、1/3という分数の足し算になっていますから、2つの違う種類の数字を足そうとしていることに気づきますね。「さて、解こう！」と思っても「あれ？　これってどうすればいいんだ？」となってしまうと思います。

このように、**小数と分数ってそのままだと足し算できない**んですよね。

そう考えて、「じゃあ、とりあえずどちらかにそろえて考えよう」としたとします。小数を分数にしたり、分数を小数にしたりして、数を合わせる必要があります。

でもそこでも1つ問題があります。1/3って、小数にできますか？

1/3は、1÷3の計算ですから、小数で考えると0.33333……となってしまうんです。これに1.2を足して、1.5333333……みたいに考えることは可能ではありますが、ちょっと難しいですよね？

ここでは、**1.2を分数にしたほうがラク**です。1.2は、12/10という数なので、6/5であり、「1.2+1/3＝6/5+1/3」となります。これを計算すると「6/5+1/3＝18/15+5/15＝23/15」となり、これが答えになります。

$$
\begin{aligned}
&1.2+\frac{1}{3}\\
&=\frac{12}{10}+\frac{1}{3}\\
&=\frac{6}{5}+\frac{1}{3}\\
&=\frac{18}{15}+\frac{5}{15}\\
&=\frac{23}{15}
\end{aligned}
$$

ここからわかってもらえるかもしれませんが、世の中には**「小数にしきれない数」「小数にすると面倒くさい数」**があるのです。「1/3」は「0.333 ……」と無限に続いてしまいますし、「1/7」は「0.14285714……」と無限に循環してしまいます。

分数では簡単に表現できるけど、小数だと表現できないものがあるわけですね。だから、**分数は計算の途中**になっているわけです。

ちなみに有名なものだと、円周率がありますね。円周率は、「円周/直径」という割り算の答えを指すわけですが、この答えは割り切れず、「3.141592 ……」とずっと続いてしまい、循環もしないことがわかっています。

◉ 分数は「割り算の途中」の数

もう１つ、分数が計算の途中なことには意味があります。みなさんは、こんな計算はできますか？

$$0.15 \times 0.2 = ?$$

一見すると、けっこう面倒くさく感じると思います。できなくはないですが、パッとは答えは出てこないですよね。小数点も絡んでくるので、計算がおっくうです。

では、この計算はどうでしょう？

$$\frac{3}{20} \times \frac{20}{100} = ?$$

簡単だ、という人が多いのではないでしょうか。

３/20の分母と、20/100の分子が、両方とも20なので、これが消えて、３/100になりますよ。

もうおわかりの人も多いと思いますが、0.15は３/20のことであり、0.2は20/100のことです。ということは、**「0.15×0.2」と「３/20×20/100」は同じ計算問題**なのです。

このように、「分数」＝「割り算の途中」だからこそ、**「掛け算や割り算は分数で計算したほうが速くなる」**という鉄則があるのです。

小数では、「同じ20が出てきたから削れるな」という CHAPTER 4 でもお話しした「約数で計算のスピードを上げる」ということはできません。

それはなぜかというと、**小数は「計算結果」を出していて、1つの数としてしか見ることができない**からです。

それに対して、分数は計算の途中の数なので、**分母と分子の2つの数を含んでいるから、計算が速くなる**のです。

「0.15」は1つの数ですが、「3/20」は3と20の2つの数がありますよね？　先ほどのように、**掛け算や割り算の中で、このうちのどちらかでも同じ要素を持つ数が登場すれば、計算を簡単にできる**わけです。

たとえば「24×0.375」を計算してくださいと言われたとき、これをそのまま筆算すると計算はとても面倒くさいですよね。ミスをする可能性はかなり高いと思います。

ですが、**「0.375」という数字を分数に直してみる**と、話は変わります。これは「3/8」に変換できるので、

$$
\begin{aligned}
&24 \times 0.375 \\
&= 24 \times \frac{3}{8} \\
&= 24 \div 8 \times 3 \\
&= 3 \times 3 \\
&= 9
\end{aligned}
$$

と、とても簡単に解くことができるのです。

東大算数
Point 13

分数は割り算途中の数字で複数の要素が入っているため、ラクに計算できることがある。

2 〉小数だけがもつ「メリット」を知っていますか?

小数を使うと、足し算・引き算がラク

さて、次は**小数**を考えてみましょう。ここまでは分数はすごい！　という話をしてきているので、小数が好きな人から怒られてしまいそうです。今度は**小数のいいところ**をお話ししたいと思います。

まずは、分数が掛け算と割り算の計算を速くしてくれるという話をしましたが、それに対して**小数は足し算・引き算がラクになる**という性質があります。

たとえばこんな計算を見てみましょう。

$$\frac{11}{5}+\frac{3}{8}=?$$

ちょっと難しそうですね。分母を40に直さないといけませんから、計算がとても面倒くさそうです。

先ほどもお話ししたとおり、分数は小数よりももっている数が多いのです。11と5と3と8を使って計算しなければならないので、

計算の量が多くなってしまうわけです。

では、こっちはどうでしょう？

$$2.2+0.375=?$$

簡単ですね。2.575、とパッと出てくると思います。**小数はもっている数が１つですから、足し算が速くなる**わけです。

このように、**足し算や引き算の場合は、小数を活用すると問題が解きやすくなる**わけです。

では、これはどうでしょう？

$$1+\frac{1}{5}+\frac{3}{100}+\frac{1}{250}+\frac{1}{2000}+\frac{3}{50000}=?$$

分数のままで計算しようとすると、めちゃくちゃ時間がかかると思います。50000に分母を合わせなければならないので、計算がとても大変です。

しかし、みなさん先ほどの話を思い出してください。**「足し算と引き算は、小数のほうがラク」**なのです。ということは、これを小数に直してみましょう。するとこの計算、驚くべきことがわかります。

1／5は、２/10なので、0.2です。

3／100は、0.03ですね。

1／250は、４/1000なので、0.004です。

1/2000は、5/10000なので、0.0005です。

3/50000は、6/100000なので、0.00006です。

なので、この合計は、1.23456という、とても綺麗な数になるのです！

分数ではわからなかったことが、小数にすると見えてくるものがある、ということですね。これはしっかりと理解しておく必要があるでしょう。

◉ 小数は分数よりもわかりやすい

小数を使うメリットはもう1つあります。それは、**「わかりやすい」**ということです。

たとえばみなさんが友達と2人でいるときに、9個のみかんを買ってきたとしましょう。

そして友達が計算して、**「じゃあ、お互いに9/2個食べられるってことで」**と言ったとします。おそらくみなさんは一瞬、「ん？じゃあ自分は何個食べられるんだ？」と思うのではないでしょうか。

9/2のままだと、わかりにくいですね。でも、これを小数に直してみましょう。

9/2というのは、4.5のことです。ということは、**「4～5個の間くらい食べられるんだ」**というのがすぐに理解できると思います。

分数のままだと、理解しにくいことが多いです。しかし、**小数に直すことで、ざっくりとそれがどれくらいなのかわかる**のです。

というのも、「4.5」のように、小数は一度「4」なら「4」と計算した上で、もっと細かい部分がどうなっているのかを考えて、「.5」とつける、という表し方をしていますよね？

それに対して分数は、先ほどからなんども言っているように「計算の途中」で便宜上そう表しているだけで、厳密には計算しきってはいないのです。

41/3と言われたら、「41÷3」を表しているだけで、これがどんな数なのかはわからない状態になってしまっているんですよね。

これを計算して、「13あまり2」と計算して初めて、「じゃあ13〜14の間なんだな」ということがわかります。分数は、数としては若干わかりにくいんです。

ということでまとめると、こういうことになります。

【分数】
メリット：表せる数が小数より多く、掛け算と割り算のときに計算しやすい。
デメリット：足し算・引き算では計算しにくいことがある。数としてわかりにくい場合がある。

【小数】
メリット：数としてわかりやすく、足し算と引き算のときに計算しやすい。
デメリット：掛け算と割り算のときに計算しにくい場合があり、表せない数がある。

この、**分数と小数のメリット・デメリットを理解しておくと、数をとてもうまく扱うことができる**のです。

◉ 時と場合によって使い分ける

「1.5倍のスピードで動くよ」と言われたときには、**「3/2」を掛けて計算したほうが、計算しやすい**はずです。

「この商品は2割引なので0.8倍の値段になりますよ」と言われたとき、**「0.8」ではなく「4/5」で計算したほうが速く計算できる**ことが多いはずです。

お金の計算をしていて、**税金の計算をざっくりとやってみようと思ったら、分数で計算したほうが速い**かもしれません。税金は掛け算と割り算が多く、小数だと端数が出やすいからです。

でも**その税金をエクセルに入れて、足し算・引き算をしていく必要があるのなら、小数を使ったほうがいい**でしょう。

計算だけではなく、たとえばみなさんが**わかりやすく数を伝えたいときは、小数を使ったほうがいい**でしょう。

大人数でのご飯会での会計のときに、「この人数でお会計を割ったら、2198.25円だから、今日の会費は2200円で！」と言ったら、わかりやすいですよね。

逆に、「8793/4円払って！」と言われても「いくら払えばいいんだよ！」となってしまいます。

小数と分数の違いをしっかりと理解して使い分けられれば、より数字に強くなれるというわけです。

東大算数 Point 14

小数と分数のメリットを理解して、それぞれの場面で使い分けよう！

CHAPTER 6 複雑な問題を「いっきに簡単」にする！偶数・奇数のエッセンス

——東大生は、奇数と偶数の性質をとことん活かす

Quiz

Q ７人でジャンケンをしている。
いま、７人の手の伸ばしている指の数を数えたら、合計が13本だった。
このとき、グー・チョキ・パーはそれぞれ何人ずつだろうか？

Q １から順番に奇数を足していって、50番目の奇数を足したときの合計はどうなるか？
１＋３＋５＋７＋……＝？

1 〉奇数の「ある特徴」を使って難問を解く

偶数と奇数の特徴を知る

次は**偶数**と**奇数**についてです。

「偶数と奇数を知らない」という人はほとんどいないと思います。「1、3、5、7、9 ……」などが奇数で、「2、4、6、

8、10……」などが偶数ですね。整数は、偶数と奇数が繰り返されている数になります。

これらを理解している人はとても多いと思うのですが、しかし偶数と奇数をきちんと深く理解している人って、実は少ないんです。**偶数・奇数は、理解すればするほど数に強くなれる、とても素晴らしいもの**なのです。

まず、**偶数というのは2の倍数**です。倍数についてはCHAPTER 4でお話ししたとおりですが、2で割れるし、分解したときに2を使った掛け算が出てくるということになります。

どんなに数が大きくても、偶数であればかならず、2の倍数になるのです。

逆に、**奇数というのは、なんの倍数になっているのか、どんな約数を持っているのかについて、あまり法則性がありません**。でも、**2より大きい素数は、すべて奇数**であることがわかります。偶数だったら、少なくとも2で1回は割り切れてしまいますので、素数で偶数のものは2以外にはないのです。

この性質を理解しておくと、**足し算や引き算にも応用して使う**ことができます。

たとえば、こんな問題があったとしましょう。

> 7人でジャンケンをしている。
>
> いま、7人の手の伸ばしている指の数を数えたら、合計が13本だった。
>
> このとき、グー・チョキ・パーはそれぞれ何人ずつだろ

うか？

7人もいるので、組み合わせの数はかなり多いですね。

しかしこの問題は、**偶数と奇数を理解していれば、とても簡単に解くことができます**。

ところで、偶数と奇数との足し算において、こんな法則が成立するのを知っていますか？

偶数＋奇数＝奇数
奇数＋奇数＝偶数
偶数＋偶数＝偶数

先ほどお話ししたとおり、偶数は2の倍数になる数ですが、奇数はそうではありません。

たとえばこのように、「○」で数を表すとしましょう。

偶数は、「○○／○○／○○／○○／○○」のように、**2個の○○のペアを作る**ことができます。

ですが、奇数は「○○／○○／○○／○○／○○／○」のように、2個の○○のペアをつくっていくと、**かならず1個、○があまる**のです。

さて、これらを足し合わせることを考えましょう。

まず「偶数＋奇数」は「○○」のペアをつくっていっても1個あまる状況は変わりませんので、**「偶数＋奇数＝奇数」**になります。

「偶数＋偶数」は「○○」のペアをつくっていってもあまること

はありませんので**「偶数＋偶数＝偶数」**になります。

「奇数＋奇数」は「○○」のペアをつくっていくと、お互いにあまっている「○」同士のペアをつくることができるので**「奇数＋奇数＝偶数」**になります。

「奇数」の奇は、「奇妙」の奇です。要するに、「変」ということですね。偶数だったらペアができてあまりがないのに、奇数があるとあまってしまうから「変」。

そして「奇数＋奇数」であれば、そのあまり同士がくっつくから、偶数に戻るということです。

ですから、「奇数＋奇数＋奇数」はまた奇数になり、「奇数＋奇数＋奇数＋奇数」は偶数になります。

一見難しい問題も簡単に解ける！

さて、この性質を理解した上で、先ほどの問題に戻りましょう。

「指の本数の合計が13本」となっていますが、**13本というのは奇数**ですよね。

ということは、「偶数＋奇数」の合計であるということがわかります。もちろん2人以上の合計の本数なので、ただ「偶数＋奇数」というわけではないのですが、先ほどもお話ししたようにあまりが出ている状態です。

厳密に言えば、**奇数の指を出した人が「奇数人」**いると考えられます。

では、ジャンケンで伸ばしている指の数は、偶数と奇数、どちらでしょうか？

グー；0本→偶数
チョキ；2本→偶数
パー；5本→奇数

ということで、パーのみが奇数で、グーとチョキは偶数です。

さて、ではここまで考えられれば答えは目前です。**パーの人は、何人いるでしょうか？**

正解は、１人です。１人以外はありえません。

13本は奇数ですから、「偶数＋奇数」の合計になっているはずです。

その上で、パーが２人いた場合、「５＋５＝10」で偶数になってしまいます。３人パーの可能性を考えても、「５＋５＋５＝15」なので、本数が13本より多くなってしまいます。

ということは、パーは１人であるとしか考えられないのです。

そして、「13－５＝８」なので、残りは８本。グーとチョキによってこの８本は構成されています。当然、グーは０本なので、チョキが４人で８本になっていると考えられます。

７人でジャンケンをしているので、答えは、４人がチョキ、１人がパー、２人がグーとなります。

一見すると７人の手をいちいち考えなければならない、とても難しい問題のように見えたと思いますが、**偶数と奇数の性質を使えば、パーが１人であるということはすぐにわかり、簡単に計算することができました**ね。

このように、偶数と奇数の性質をよく理解することで、数字のセンスがグッと上がります。

たとえば、

375＋6731＋1027＝8132

という計算式を見たときに、**0.5秒で、「あ、これ間違っているな」と思える人**はどれくらいいるでしょうか？

数が大きいので気づきにくいですが、これは**「奇数＋奇数＋奇数」なので、答えも奇数になるはず**です。なのに、8132は偶数ですよね。それだけで「あれ？　おかしいな？」と考えることができます。

375も6731も1027も8132も、すべて同じ「数」です。

ですが、**これを２つに分類することで、間違いに気づきやすくなって、数に強くなる**のです。

東大算数
Point 15

合計が奇数になるのは「偶数+奇数」の場合しかない！

2 〉「奇数」と「偶数」の驚くべき性質

◉ 奇数の和を「正方形」で考える

さて、この偶数と奇数にはもう１つ、面白い性質があります。こんな問題を考えてみましょう。

> １から順番に奇数を足していって、50番目の奇数を足したときの合計はどうなるか？
>
> １＋３＋５＋７＋……＝？

この計算って、パッとはできませんよね。CHAPTER 1 で紹介した「対称」を探そうと思っても、50番目がどの数字なのかわかりませんから、真ん中もよくわかりません。

しかしここで、偶数と奇数の面白い性質を使うと、簡単に解くことができます。実は**奇数の足し算は、まったく別のものに置き換えることができる**のです。

それは、正方形です。

「え？　どういうこと？」と感じた人は、次の図をご覧ください。

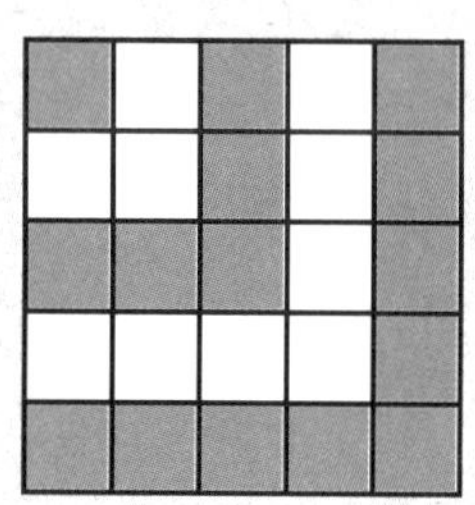

1 cm × 1 cmの正方形のタイルを敷き詰めて、新しい正方形をつくっていきます。

1タイルの正方形をつくった後、2 cm × 2 cmの正方形をつくるためには、右下に逆L字のタイルが3つ必要ですね。これで、1つのタイルに3つのタイルが加わって、4タイルの正方形ができました。

では、次に3 cm × 3 cmの正方形をつくるためには？　これも同じことですね。4タイルに加えて、右下に逆L字のタイルが5つ必要です。これで4 + 5 = 9タイルの正方形ができます。

もう気づいた人もいるかもしれないのですが、この「正方形づくり」と「1 + 3 + 5 + 7 +……」の計算は、一緒です。**この正方形の面積が、奇数の足し算の合計と同じ数になる**のです。

だから、3番目までの奇数の合計は3 × 3の正方形の面積と同じで9に、4番目までの奇数の合計は4 × 4の正方形の面積と同じで16に……となって、50番目までの奇数の合計は50×50で2500になるのです。

この性質、面白いですよね。正方形の面積を求める式と同じ2 ×

2、4×4、11×11のような同じ数同士の掛け算の結果のことを**「平方数」**と言うのですが、**どんな平方数も、実は奇数の足し算でできている**のです。

$$3\times3=1+3+5=9$$
$$5\times5=1+3+5+7+9=25$$
$$7\times7=1+3+5+7+9+11+13=49$$
……

非常に面白い性質ですよね。

◉ 偶数の和を「長方形」で考える

では、**偶数の合計**はどうなるのでしょうか？

> 2から順番に偶数を足していって、50番目の偶数を足したときの合計はどうなるか？
> 2＋4＋6＋8＋……＝？

奇数ほど綺麗にはならないのですが、図のような形になります。

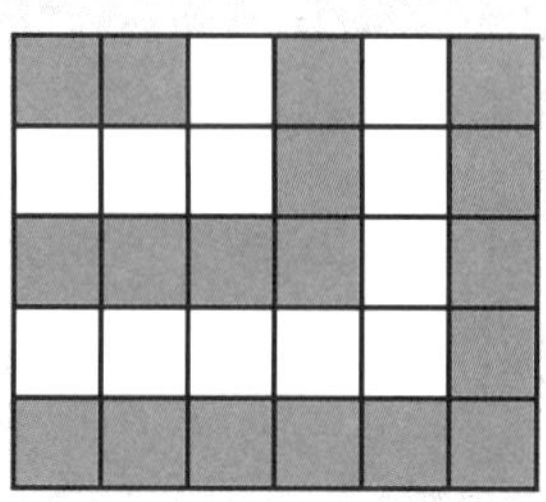

先ほどの正方形の横にもう１列、タイルが置かれた長方形になっていくわけですね。もちろん先ほどと同じく、**この合計は長方形の面積になります**。

ですから、２番目の合計は２×３、４番目の合計は４×５、50番目の合計は50×51となって、答えは2550となるわけです。

いかがでしょうか？　偶数と奇数の面白さに触れてもらうことができたでしょうか。

このようにして、**数を偶数と奇数とに分けて考えて、その性質をしっかりと理解しておく**ようにしましょう。

東大算数
Point 16

数字を正方形・長方形に置き換えて考えると計算が簡単になる！

THE UNIVERSITY OF TOKYO
ARITHMETIC

PART 2

「数字のセンス」をさらに高める東大算数

実践編

立式思考で「頭の中を整理」できる

——東大生は、数字のセンスで「あらゆる問題の原因」を特定する

1 〉あらゆる事象を整理できる「立式思考」とは?

◉ 東大算数は計算以外でも役立つ!

さて、ここからは、**具体的に社会に出てから、計算以外の日常生活でも「東大算数」の武器を応用していくための方法**をお話ししていきます。

ですがその前に、質問です。PART 1 で、みなさんがいちばん記憶に残ったのはなんでしたか?

計算の話、小数や分数の話、約数や偶数・奇数の話……。いろんな話をしましたが、どれも「計算」が速く、正確になる話でしたよね。

いろんな計算問題を出して、「こうすれば解けます!」という問題がほとんどでした。

ですから、みなさんの中には、こう考えた人もいるかもしれませんね。

「なんだ、この『東大算数』という本は、計算でしか使えないの

か」「計算問題ができるようになるだけの本だったのか」と。

しかし、そんなことはありません。ここからが東大算数の真骨頂。

いままでの話を踏まえて、いよいよ計算以外のいろいろな状況で、数を使って問題を解くことができるようになる、ということについてお話ししたいと思います。

まずは次の問題をご覧ください。

> あなたはパン屋さんになりました。
>
> 販売個数と関係なく、毎月、家賃が16万円、人件費が10万円、光熱費等の諸経費が4万円分、固定費がかかります。
>
> さて、あなたは300円のパンを何個つくって売ることを目標にすればいいでしょうか？　ただし、1個のパンをつくるときには100円の材料費がかかるものとします。
>
> 家賃16万円　　300円のパンをつくって売る
> 人件費10万円　　└1個つくるのに100円かかる
> 諸経費4万円

とにかく、式をつくって考える

これはビジネスの現場ではよくある質問ですよね。でも、パッと聞かれるとすぐには答えられないという人も多いと思います。

この問題を解く上で重要なのは**「式をつくること」**です。どんな物事も、計算式をつくって考えていけば、答えが出ます。

「立式思考」というのは、物事を計算式で理解していくというものです。

お店の売上目標を、仮に**「トントン＝赤字にならないこと」**だとしましょう。そうすると、固定費の合計は「16万円【家賃】＋10万円【人件費】＋４万円【光熱費等の諸経費】＝30万円」ですから、この金額分、儲けられれば問題ないことになります。

「ってことは、30万円÷300円＝1000個売れればいいんだな！」と考えてしまうと、トラップに引っかかってしまいますね。

１個のパンをつくるのに100円の材料費がかかっているということは、「300円×1000個－100円×1000個＝20万円」しか儲かっていないので、固定費30万円を差し引くと、10万円の赤字になってしまうんですよね。

ですので、しっかりと計算式をつくるのであれば、**「30万円【固定費】÷（300円【１個の売上】－100円【１個の材料費】）＝1500個」**ということで、月に1500個のパンが売れれば、パン屋さんはトントンになることになります。

家賃16万円
人件費10万円
諸経費4万円
固定費30万円

300円のパンをつくって売る
└1個つくるのに100円かかる
1個200円のもうけ

30万円÷200円＝1500個！

もし、１日の売上目標を考えるなら、30日で割って50個となりますね。つまり１日50個売れれば目標達成だと答えが見えてくるわけです。

このように、**「式をつくることによって、答えを出す」ということは、日常生活のいろんな場面で求められる**わけですね。

◉ 立式思考で、東大入試「地理」の難問を考えてみよう！

別の例を出しましょう。2016年の東大入試の地理で、こんな問題が出題されました（一部変更）。

メキシコは、全般に自給率が低いが、特定の農作物に関しては100％を大きく上回っている。このような状況にある背景を答えなさい。

国	米	小麦	砂糖類	いも類	野菜類	果実類	肉類
(イ)	190	171	101	93	91	75	116
(ロ)	180	0	372	378	105	155	127
(ハ)	100	95	95	90	102	102	99
トルコ	79	122	112	100	106	132	106
メキシコ	15	57	86	77	177	118	81

2011年、単位％
重量ベース、国内生産量を国内向け供給量で除した値。
国内向け供給量＝国内生産＋輸入－輸出±在庫
FAO資料による。

メキシコの作物別の自給率を見ると、たしかに、米などは15％ととても低いですが、野菜類は177％でとても高い数字になっています。**「これはなぜなのか答えなさい」**という問題ですね。

これ、**地理の問題ですが、算数がわかっていないと絶対に解けない問題**になっています。

だってそもそも、よく考えてください。自給率って、**「その国が、どれくらい自給（＝その国の国内でつくられたものを食べること）できているのか」**を測る数字ですよね。それがなんで、100％以上になるんですか？　どういう状況か、よくわからないですよね？

こういうときに、立式思考があると答えが見えてきます。

自給率というのは「率」と書いてありますから、**「分子÷分母」の割り算**であることがわかります。

そしてこの問題、表の下に、なにか書いてあるのがわかりますか？　わかりにくく書いているのですが、要は「自給率＝国内生産量を国内向け供給量で除した値」と書いてあります。さらに、「国内向け供給量＝国内生産＋輸入－輸出±在庫」とも書いていますね。

これは、自給率の計算方法が書いてあるんですね。整理すると、こういう数式になります。

【食料自給率の計算方法】

$$\text{食料自給率}(\%) = \frac{\text{国内生産}}{\text{国内生産}+\text{輸入}-\text{輸出}\pm\text{在庫}} \times 100$$

自給率が100%を超える理由

この数式を自分でしっかり書けた人は、「なぜ自給率が100%を超えるのか」がわかると思います。分母に、「国内生産＋輸入－輸出±在庫」と書いてありますよね？

たとえば米で言えば、自分たちの国でつくったお米に加えて、どこかの国から持ってきた米を食べているので、「国内生産＋輸入」を分母にすれば、「自分たちがどれくらい自給できているのか」がわかるわけですね。

なので、ここまでは計算方式として納得感がありますし、式をつくらなくてもわかったと思います。

ですが、ここからが問題です。

「国内生産＋輸入－輸出」。

「－輸出」というのがついているんですね。これは、逆に**自分たちの国が他の国に対して米を輸出していたら、その分だけマイナスで計算する**ということが書かれています。

ですから、**輸入が少なくて輸出が多い国は、分母が分子よりも小さくなる**んですよね。その場合に自給率を計算すると、100%を超えるわけです。

100%以上になっているというのは、輸出をしているということなのです。

では、メキシコはどこに輸出しているのか？　隣国のアメリカですね。

つまりメキシコは、米や小麦はアメリカから輸入して、野菜や果実はアメリカに輸出していると考えられるのです。

「この商品は隣の国から輸入しよう」「この商品はこっちから輸出しよう」と決めているから、メキシコの自給率は極端に高いものとそうでないものに分かれるのだということです。

「自給率」なんて言われても、その数字が高いか低いか、どうして高いのかどうして低いのか、理解するのはとても難しいです。ですがそこで、**その数字を数式で解釈すると、いっきに答えが見えてくる**のです。

このCHAPTER 7でみなさんにご紹介したいのは、**「式をつくる思考」=「立式思考」**です。

東大算数
Point 17

立式思考は、世の中すべての問題解決に役立つ!

2 「立式思考」で、複雑な事象を整理する

成果の出る営業目標の設定方法とは

古今東西、**ごちゃごちゃしている状況を1つの数式で表すことで思考を整理する**という手法は、多くの状況で使われています。

たとえば、ビジネスにおいて考えてみましょう。みなさんが会社の営業部のマネージャーになったとします。会社からは、「マネージャーとして、部の人たちに目標を示してくれ」と言われています。さて、みなさんならどんな目標を示しますか?

いちばんよくないのは、ただ「頑張ろう!」と言うことだと思い

ます。**目標は、明確な数字であったほうがモチベーションが上がります**。逆に、会社からなんの目標も与えられず、「とりあえず頑張って！」と言われるだけだと、なかなか結果に結びつかないでしょう。

「あと○万円で目標達成だ！　頑張ろう！」というトークができたほうが、メンバーは前のめりになるでしょう。

ですから、「営業成績○万円突破！」というのは、１つのいい目標だと言えます。

ですが、**もう一歩進んだ目標**をつくることもできます。「○万円突破！」というのは結果であり、その結果までなかなか到達できない人もいるでしょう。

「営業成績が必要なのはわかるけれど、そもそもどんなことをすればいいかわからない！」と考える人もいるはずです。

だから、先ほど「自給率」を分解したのと同じような感覚で、**「営業成績」をもっと分解して考えてみましょう**。

営業成績を上げるためには、とにかく**電話でアポイントを取る**必要があるかもしれません。

その上で、「こういうことはできるんですか？」と見込み顧客から聞かれたときにうまく答えられるようになるための**想定質問リスト**が充実していれば、コミュニケーションがよりうまくいって、アポ率が上がり、ひいては営業成績を上げることができるかもしれませんね。

つまり、数式によって「営業成績」を表すと、

「営業成績」=「テレアポの件数」×「質問リストの件数」

となると考えられます。

こうなると、部の目標である「営業成績」をもっと分解して、「テレアポの件数○件アップ」と「質問リストの件数○件追加」を目標にすれば、**自然と「営業成績」は上がっていく**と考えられます。

このように、「営業成績」のような**「結果を表す数式」をつくるというのは、とても有効な手段**です。なぜなら、この数式が明確に示されておらず、認識が統一されていないときには、うまく共通認識が取れないからです。

ある人はテレアポを頑張っていて、ある人は本を読んでコミュニケーション力アップを頑張っていて、ある人はまた別のことをして……というように**全体で統一感がないことをしていても、結果にはつながらない**のです。

「できる」リーダーは、きちんと数式を掲げることで物事をわかりやすくしているのです。

◉ 大きな数字は分解して1つの数式をつくる

そのために必要なのは、**「大きな数字・目標となる数字を見たときに、その数字を分解して1つの数式をつくる能力」**です。

「このサイトのPV数(ページビュー。Webページが見られている数)は1万か。でも、このPVはどこから流入している人の数字だろう？　SNS かな？　Google 検索かな？」と、1つの大きな数字を分解して考えることで、意識を統一するのです。

たとえば「SNS からの流入を増やそう！」と考える人もいるでしょうし、「検索流入を増やすための施策を実施したほうがいい！」と考える人もいることと思います。

どちらも正しい施策なのですが、**場合によっては対立が発生する**ことがあります。

「なんか SNS を頑張っているけど、それって意味あるの？」「なんか検索ワードを調べるソフトにお金を払っているけど、その方法ってどうなんだろう？」というトークが発生して、同じ「PV を増やす」という目標を持っているはずなのに、意見が割れてしまうことがあります。

そんなときにこそ、**数式で意見を統一する**のです。

「PV」=「SNSからの流入」+「検索流入」

こうして、それぞれの数字をしっかりと出します。

「あ、この時期だと SNS 流入も増えているんだな」「検索流入はこんなにあるんだな」と見える化して、先ほどのようにそれぞれの目標を立てて、大きな「PV」という目標の達成のために努力をすることが重要なわけですね。

数式にすることでなにが見える?

さて、「営業成績」や「PV」は、わかりやすく「数字」でしたので、計算式に置き換えやすかったですね。しかし実は、**数字ではな**

いものであっても、数式に置き換えて考えたほうがいい場合があります。

たとえば、みなさんの体重が先週よりも3kg増えていたとします。「なにもしないのに体重が増えた！」ってことはないですよね。いつもよりも多くご飯を食べてしまったとか、運動量がいつもより少なかったとか、なんらかの要因によってそうなったことは明白です。

これを**無理やり、計算式に落とし込んでみましょう**。こうなります。

A【1日のご飯を食べた量】×7【1週間】
　−B【1日の運動量】×7【1週間】
　−C【1日の消化・排出の量】×7【1週間】
=D【体重の増減】

つまり、「7A − 7B − 7C = D」です。もちろんこれはめちゃくちゃいい加減な計算式ですが、大雑把に言えばこうなります。

こうして考えると、**体重が増えた原因というのは「AかBかCのどれか」だ**と考えられます。

「食べる量が多かったから体重が増えた」というのは「Aの数が増えたからDが増えた」という話になるわけですね。

「計算式に直したからって、なんかいいことがあるの？」

と思うかもしれませんが、実はこれめちゃくちゃ大事なんです。計算式にすることには、**2つの意味**があります。

1つは、**「なぜこの結果が起こっているのか」という要因を理解することができる**こと。

もう1つは、**「なぜこの結果が起こっているのか」の理由を絞ることができる**こと。

「7A－7B－7C＝D」とすることで、体重の増加を引き起こす要因を整理することができるだけでなく、その要因が3つのうちのどれかであるということがわかるわけです。

東大算数
Point 18

式にすることで、なにに着目するべきかが見えてくる。

3 「真の原因」を見つけるための要素のまとめ方

◉ どうすれば料理の提供スピードを上げられるか

次に、こんなシチュエーションを考えてみましょう。

> あなたはレストランのオーナーで、お客さんから「料理の提供スピードが遅い」というクレームをもらった。提供スピードを上げるためには、どのような努力をすればいいのかについて、社員に対してどんなプレゼンをすればいいだろうか？

ここまで「立式思考」について理解してくれている人であれば、**「じゃあこれをどのように『1つの数式』に置き換えるか」**という目線を持ってくれていると思います。

ただ、とは言え、なかなかすぐに数式にはしづらいですよね。

ここで1つ、この手法を使うときに有効な方法があります。

それは、**いくつかの要因を考えてみて、考えられることをとにかく書き出してみた上で、同じものでくくってみる**ということです(PART1でも散々やったことですね)。

- 料理をつくるのに時間がかかる
- 注文を厨房に伝えるのが遅い
- 料理をつくった後で、厨房に伝達ミスしていたことが発覚することがある
- 料理ができてからお客さんに届けるまでに時間がかかる場合がある
- 料理をシェフ同士でどっちがつくるのかが明確でなく、注文が抜けてしまう場合がある

こんな感じですね。

この中で**同じようなもの**は、どれでしょうか？

まず、「料理をつくるのに時間がかかる」「注文が抜けてしまう場合がある」は、厨房での料理スピードと分担の問題ですね。そし

て、「注文を厨房に伝えるのが遅い」「厨房に伝達ミス」は、厨房に注文を届けるまでの問題で、「届けるまでに時間がかかる」は厨房から料理を届けるまでの問題です。これをまとめて、

「料理の提供スピード」
=「料理をつくる時間」+「注文伝達の時間」+「料理を届けるまでの時間」

と考えることができます。これで、なにが原因なのかがわかりやすくなりますよね。

◉ さらに「同じようなもの」でくくる

さて、もう1つ、ここでおすすめがあります。それは、**もう1回、「同じものでくくれないか」と考えてみる**のです。

たとえば、先ほどの1週間の体重増減の式を思い出してください。

1週間でどれくらいの量の食事をしたのかを考えるとき、本当は、こういう計算式にする必要があります。

A【月曜にご飯を食べた量】
+B【火曜にご飯を食べた量】
+C【水曜にご飯を食べた量】
+D【木曜にご飯を食べた量】
+E【金曜にご飯を食べた量】
+F【土曜にご飯を食べた量】
+G【日曜にご飯を食べた量】
=H【1週間でご飯を食べた量】

でも、これだと面倒くさいですよね。考えなければならない項目数が多いです。7個も考えることがあると、計算がとても面倒になってしまいます。

だから、こういった場合はこのようにすればいいのです。

A【1日のご飯を食べるざっくりした平均の量】
×7【1週間】
=H【1週間でご飯を食べた量】

このような計算をすることで、**計算の回数を減らす**ことができます。

「掛け算」について説明したときに、「同じものをくくる」ということをご説明しました。1個1個の足し算だけで考えていくのではなく、**複数個を1つのまとまりにするのが「掛け算」だった**わけです。

これを応用して、**「同じ部分をつくれないだろうか？」と考えることで、思考を省略して、シンプルに物事を考えることができます。**

というわけで、先ほどの計算式も、もっと「同じものでくくれないか」を考えてみましょう。

そう考えてみると、「注文伝達の時間」＋「料理を届けるまでの時間」は、両方とも接客する人と厨房の人とのやり取りの時間だと言えますよね。

「注文伝達の時間」は「接客する人→厨房の人」の時間で、「料理を届けるまでの時間」は「厨房の人→接客する人」となります。

たとえば交通費を計算するとき、行きの電車賃と帰りの電車賃をまとめて「×２」しますよね。それと同じで、この計算は**「厨房とホールとのやり取り時間」×２**と解釈して１つにできます。

こうすれば、

「料理の提供スピード」
=「料理をつくる時間」+「厨房とホールとのやり取り時間」×2

という計算式ができました。

この計算式をもとに、「料理をつくる時間」「厨房とホールとのやり取り時間」の２つのうち、どちらが時間的に短縮できそうなのかを考えていけば、その先で「料理の提供スピードを速めるための施策」が見つかるというわけです。

経済を立式思考で考えるのが経済学

ちなみに、**社会で発生していることをこのように算数的に解釈する学問が、経済学**です。

たとえば、「経済規模は『民間投資＋民間消費＋政府支出＋輸出－輸入』という計算式で表せる！」のように、経済の動向を計算式で表して分解していきます。

もっと言えば、「計算式にできそうにないものも計算式にしてすべてを数字で考えていく」のも経済学だと言えます。

たとえば、「幸福の経済学」なんていうものもあります。「幸福の度合い＝所得や消費の水準＋家族形態＋就業状況＋……」と、自分の幸福がどんな構成要素で成り立っているのかを考えて、どの要素が幸福の度合いに大きな影響を与えているのかを探るわけです。

東大生は、このように計算式をつくって考えるという思考をしています。

なんらかの問題が発生したときに、**「どう計算式に落とし込むか」**を考え、落とし込んだ先で、**「この計算式の中で、どの要素が問題の本質なのか」**を考えていくわけですね。

難しく考える必要はありません。**最初はすべて「足し算」**で考えて問題ありません。なんといっても、PART 1 でお話ししたとおり、算数はすべて足し算でしかないのですから。

そして、その中から、**同じ部分としてくくれるものを掛け算にして式をなるべく簡略化していけばいい**のです。

こういう順番で式をつくっていけばいいわけです。立式思考、ぜひやってみてください！

東大算数
Point 19

まずは式をつくり、その要素の中で同じようなものをくくって、問題を簡略化していく。

全体思考で「見えていない課題」を特定できる

——東大生は、数字のセンスで「常に全体を見通して」考える

1 〉「一部分だけ」では判断を間違えてしまう

どちらの塾が優秀？

まずは、このクイズを考えてみてください。

> 同じくらいの値段の、ある資格試験のための塾に、A塾とB塾がある。
>
> A塾の年間の合格者数が300人で、B塾の年間の合格者数は100人である。
>
> さて、みなさんならどちらの塾のほうがいい塾だと思いますか？

みなさんなら、直感でどちらを選びますか？

まあ、おそらくAの塾ですよね。だって、300人と100人だったら、300人の合格者のほうが「すごそう」です。

でもこの問題、**答えは「わからない」**です。なぜなら、評価するための数字が１つ欠けているからです。

では、こんな問いだったら、みなさんはどっちを選びますか？

> 同じくらいの値段の、ある資格試験のための塾に、Ａ塾とＢ塾がある。
> Ａ塾の年間の入塾者は3000人で、合格者数が300人である。
> Ｂ塾の年間の入塾者は100人で、合格者数は100人である。
> さて、みなさんならどちらの塾のほうがいい塾だと思いますか？

こう聞かれたら、みなさんはＢの塾と答えると思います。

3000人の中で300人が合格するＡ塾に対して、Ｂ塾はなんと全員が合格しています。

「合格率」という観点を加えて、計算式をつくってみましょう。

「入塾者」×「合格率」＝「合格者」

ですよね。もっと言えば、

「合格率」＝「合格者」÷「入塾者」

です。A塾の合格率は「300人÷3000人＝10％」ですね。それに対してB塾の合格率は「100人÷100人＝100％」です。

B塾はみんな合格していて、A塾は10人に1人しか受からないのです。

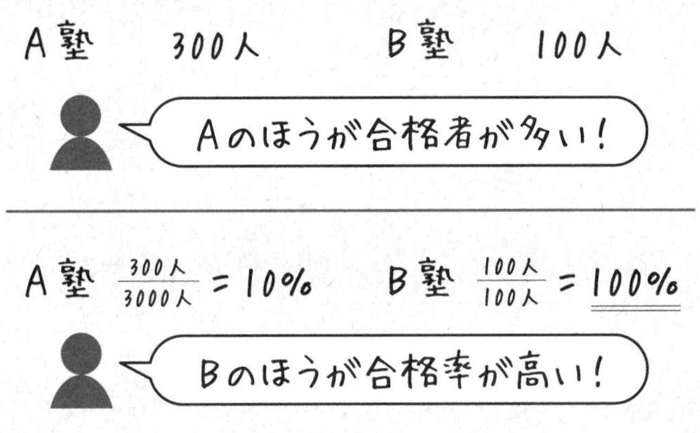

◉ 全体思考では分母が重要

合格者数だけで比較しているうちは、その本質が見えてきません。それは一部分だけを見ているのと同じだからです。

CHAPTER 7の「立式思考」では、与えられた情報を計算式に落とし込んだり、「結果」を分解して「要因」を考えたりしましたね。

今回ご紹介する**「全体思考」は、それと似ているのですが、「一**

部分」を見て、「全体はどうなっているんだろう？」と考えていく思考です。

「合格者数は多いけれど、入塾者数がわからないと、合格率が出ないな」というように、全体で考えていく、ということですね。

これを理解していると、**統計のトリックを見破る**ことができます。

たとえば、「宝くじの１等が出る人の数が、日本一多い売り場」ってすごく魅力的に見えますよね。でも、もしかしたらその売り場は、**「日本一、『買っている人が多い』売り場」**なのかもしれません。

買っている人の数が多ければ、その中で１等が当たる人の数も多くなるのは当たり前です。でも、割合は変わっていないのです。

「その売り場で宝くじを買った人数」×「1等の確率」
=「その売り場で1等が出た人数」

ですから、**人数が多ければ当然、１等が当たる人数も多くなる確率が高い**のです。

さて、ここまででわかったと思うのですが、**「全体思考」で重要なのは、「分母」**です。割り算は「分子÷分母＝答え」ですよね。

ところが、**多くの人は「分子」だけを見て、「ああ、答えが大きいんだな」と考えてしまいがち**です。先ほどの例で言えば、

$$\frac{「その塾で合格した人数」}{「その塾の入塾者数」}$$

=「その塾の合格率」

↓分子だけに注目して……

「その塾で合格した人数が多いということは、その塾の合格率が高いんじゃないか？」

$$\frac{「その売り場で1等が出た人数」}{「その売り場で宝くじを買った人数」}$$

=「その売り場の1等の確率」

↓分子だけに注目して……

「1等が出た人数が多いということは、1等の確率が大きいんじゃないか？」

と考えてしまうわけですね。**分子という一部分だけを見て、全体を勘違いしてしまう**わけです。

だからこそ、**「全体で考える」という思考が必要になってくる**のです。

東大算数 Point 20

「一部分」を見たときは「全体はどうなっているんだろう?」と考えてみる。

2 〉「全体思考」であらゆる問題を解決する

◉「率」と「数」を混同しない

「全体で考える」という思考は、実は東大入試でも必須の能力として問われるものです。

たとえば、2011年の東大入試の地理でこんな問題が出題されました（一部変更）。

> 以下は、日本で1年間に生まれてくる子供の数（出生数）と亡くなる人の数（死亡数）および65歳以上の人口推移を示している。
> ・出生数は、1955〜1970年までは100万人台
> ・出生数は、1971〜1974年の間は200万人を超える
> ・出生数は、1975年には再び100万人台となった
> 1970年代前半に、このような出生数のピークが見られた理由を、以下の語句を用いて答えよ。
> 出生率　世代　戦争

この問題は、すごくシンプルで簡単そうな問題なのに、多くの受験生が「うっかり」間違えてしまったことで有名な問題です。これは地理の問題ではありますが、**同時に「算数」の素養も問う問題だった**のです。

まずそもそも、語句が与えられているので、それを見てみましょう。

「出生率」「世代」「戦争」。

「世代」と「戦争」は、知っている人ならわかると思います。戦争の終結が1945年で、戦地から戻ってきた人たちが子どもを産む第一次ベビーブームが発生しました。この世代が大人になったのがちょうど、1970年代前半です。

ということは、**「戦争終結後に生まれた第一次ベビーブーム世代が親となって子どもを産んだから」**という解答が、まずは考えられます。

ここまでは、「ベビーブーム」というものを知っている人だったら答えられると思います。ですが問題は、「出生率」なのです。

先に、間違った答えを言います。

「戦争終結後に生まれた第一次ベビーブーム世代が親となって子どもを産み、出生率が上がったから」

これは明らかな間違いです。なぜ間違いかわかりますか？

出生数は、たしかに上がっています。100万人台だったのが、200万人を超えるようになっています。

でも、**それは「出生率」が上がったからなのでしょうか？　違いますよね**。

「出生率」とは、１人の女性が生涯で産む子どもの人数を指します。**この数字自体は、実はそれほど上がってはいません**。それ以上に、**女性の人数自体が多かったから、子どもの数が増えた**のです。

「出生率」という語句は、部分を示すものです。でも、その部分だけを見ていても、答えはわかりません。

ここで、「全体思考」の出番です。「出生率」を含んだ計算式を考えてみましょう。出生数って、どうしたら上がるのでしょうか？それは出生率とどう絡んでくるのでしょうか？

答えを言うと、こうなります。

「出生数」＝「女性の人数」×「出生率」

このように、**計算式をつくることで「全体」を見ることができる**ようになります。

この「出生率」を仮に「２人（１人の女性が生涯で産む子どもの数が平均して２人、という意味)」だと仮定しましょう。その世代の女性の人数が50万人なら、「50万×２人＝100万人」が生まれる計算になります。

その世代の女性の人数が100万人なら、「100万×２人＝200万人」が生まれる計算になります。

「出生率」は上がらなくても、子どもを産む女性の数が増えれば、「出生数」も増えるということになるわけですね。

ですからこの問題は、**「戦争終結後に生まれた第一次ベビーブーム世代が親となって多くの子どもを産んで、その子どもたちが大人になったので、出生率はそれほど上がらなくても出生数が多くなったから」**というのが正解です。

一部分ではなく、全体を見た計算式を考えることで、この問題に引っかからずにすんだわけですね。

◉ 確率の足し算を考えてみよう

割り算以外にも、足し算などで、この思考を使う場面はたくさんあります。

たとえば「数学」でよく出てくる問題として、次のようなものがあります。

> コインを3回投げる。このとき、少なくとも1回は表が出る確率は？

この問題、コインは1/2ずつの確率で表か裏が出るわけですので、「じゃあ、3回中1回表が出る場合と、3回中2回表が出る場合と、3回中3回表が出る場合の、3パターンを考えて、足せば答えが出るよね」と考える人がいますが、**これは面倒くさい**です。3回も計算しなければならないからです。

「少なくとも1回は表が出る確率」を考えていると、非効率なのです。

この計算方式を数式で表してみましょう。

「3回中1回表が出る場合」＝A
「3回中2回表が出る場合」＝B
「3回中3回表が出る場合」＝C
とおくと、
A＋B＋C＝「少なくとも1回は表が出る確率」

となりますね。

うーん、でも**この式を見ていても、なにも思いつきません**ね。くくれる部分があるわけでもないし、あまり答えが見えてきません。

ここで、**「全体思考」**の出番です。

たとえば今回、「3回中◯回表が出る場合」を考えたわけですが、この◯の回数って、もう1個ありますよね？

そう、**0回**です。

「3回中0回表が出る場合」をDとおくと、こんな計算式が出てきます。

A＋B＋C＋D＝全体

この**「全体」というのは、確率の世界だと「1」**となります。コインを投げて表が出る確率は1/2で、裏が出る確率は1/2となります。「1/2＋1/2＝1」ですよね。

これは、表か裏はかならず出て、表か裏以外が出ることはない、ということを意味します。

ここで、A〜D は確率ですから、

A＋B＋C＋D
＝全体
＝1

となりますね。

◉「全体」から「一部」を引く

さて、これで1つ、見えてきたことがあります。それは、

少なくとも1回は表が出る確率
＝A＋B＋C
＝1−D

ということです。「A + B + C + D = 1」なら、「A + B + C = 1 − D」と解釈できるわけですね。

つまりは、**「1回も表が出ない確率」を求めて、それを全体から引けばいい**のです。

要は、**「全体」から「一部」を引くことで、「残り」がわかる**わけ

です。

そして、「1回も表が出ない」のは、「1/2×1/2×1/2＝1/8」だと計算できますよね。それ以外は全部「少なくとも1回は表が出る確率」になります。ですから、答えは「1－1/8＝7/8」になるというわけです。

このように、**「見えているものがすべてだろうか？」と考えて、足し算の別の項を見つけにいくという思考**は、いろんな場面で応用が利くものです。

たとえば、この問題。2001年の東大の入試問題です。

(1) X/Yの値が、1973年度から1985年度にかけて大幅に減少した理由を2行以内で述べよ。

年度	一次エネルギー消費量 石炭	石油	天然ガス	その他	合計(X)	実質GNP(Y)	X/Y
1960	415	379	9	204	1,008	728	1.38
1973	596	2,982	59	217	3,854	2,293	1.68
1979	567	2,940	215	390	4,111	2,855	1.44
1985	788	2,280	382	603	4,053	3,467	1.17
1998	893	2,853	670	1,033	5,449	4,867	1.12

単位は一次エネルギーは兆kcal、実質GNPは千億円(1990年価格)。
『エネルギー・経済統計要覧』による。

Xは一次エネルギーの消費量ですから、「どれくらい石油や石炭などを使っているのか」ですね。そしてYは実質GNP、つまりは「どれくらい経済規模が大きいか」という指標になります。

で、X/Yが、1973年度から1985年度にかけて大きく減っています。**「一次エネルギー消費量」÷「経済規模」の値が減っている**、ということなんですね。

そして表を見ると、1973年度のXは3854で、1985年度のXは4053と、あまり変わっていません。

それに対して実質GNP（Y）は、1973年度は2293で、1985年度は3467と、大きく上がっています。

つまりこの問題の答えは、**「Xが同じくらいなのに、Yが大きく上がったから」**だと言えるでしょう。

なぜそうなっているのか?

でも、これだけでは不十分ですよね。「どうしてそうなったのか」までが問題です。

「うーん、なんだろう？」と思って表と睨めっこしていても、全然答えは見えてきません。

こんなときこそ、「全体思考」の出番です。

まず、「経済成長」って、どうすれば起こると思いますか？　まあ、当たり前ですが経済が成長すればいいんですよね。

いろんな企業が儲かって、お金を稼ぐようになれば、経済は成長します。**その中で必要になるのが、「エネルギー」**です。

石油や石炭を使って火力発電をしたり、ガソリンとして輸送に使ったり、鉄鋼業を行ったりして、経済を成長させます。

ということは、順当に考えると、このように考えられます。

「一次エネルギー消費量」≒「経済規模」

つまり経済成長しているということは、一次エネルギーをたくさん使っているということだと、単純には考えられるわけですね。

ですが、この問題では、そうはなっていません。一次エネルギー消費量があまり増えていないのに、経済が大きく成長しているのです。

これはいったい、どういうことを示していると思いますか？

このCHAPTERでなんども出てきている他の問題と同じですね。**「一次エネルギー消費量」と「経済規模」との関係が、「全体」を見ると直結していない**、ということです。

ということは、「一次エネルギー消費」をしなくても、「経済規模」が大きくなる要因があるはずということです。

「一次エネルギーを消費する産業」＋「？」
≒「経済成長」

この**「？」が増えてきたから、一次エネルギーの消費量があまり増えていないのに経済が成長するようになった**というわけです。

この「？」は、いろんなものが考えられます。サービス産業かもしれないし、クリーンエネルギーを使った産業かもしれない。そのどれもが正解で、この「？」に触れられていれば正解になると思います。

「サービス産業やクリーンエネルギーを使った産業など、一次エネルギーをあまり消費しない産業によって経済成長したから」というのが正解になるのではないでしょうか。

ちなみに、CHAPTER 7で「自給率が100%を超えている事例」をご紹介しましたが、あれも全体を見て「輸出」という想像しにくい引き算の項があることに気づけば解けるというものでしたね。

部分に注目するだけではなく、全体を見るようにすれば、見えていなかったものが見えるようになる。それを意識することで解ける問題はたくさんあるのです。

ぜひ全体思考を、身につけてもらえればと思います。

東大算数
Point 21

全体思考を意識することで、解ける問題がたくさんある。

逆算思考で「発想の転換」を促進できる

——東大生は、数字のセンスで「人の気づかない視点」を見つけ出す

1 〉「逆算思考」で見えていないものに目を向ける

まず「結果」の部分をよく観察する

「立式思考」では、「1つの数・結果を答えとする式をつくる。そのために、構成要素を考えて、くくっていく」思考を紹介しました。

「全体思考」では、「1つの数・結果を答えとする式をつくる。そのために、全体を考えて、足りないもの・見えていないものを補っていく」思考を紹介しました。

この2つで、みなさんは**「式をつくる思考」はある程度マスターできた**と言えます。

ここからは、**その式を使って、どのように思考を整理し、答えを出していくのか**を考える時間になります。

たとえば、次の問題を見てください。

> 3つの素数A、B、Cについて、「A＋B＝49」「B＋C＝55」のとき、A＋Cの答えはなんでしょうか？

この問題、なんだか難しそうな問題ですよね。式は存在しますが、AもBもCも、候補がたくさんあって、なにが正解なのかを考えるのが難しそうです。

でもこの問題は、**「難しく考えてしまう」だけで、実際はとても簡単**です。僕たちの中にある思い込みが、この問題を難しくしてしまっているだけなのです。

僕たちは、計算式を前にすると、つい「A＋B＝49」の中の**AとかBとかの構成要素に目が行きがち**です。

それもそのはずで、この問題は「AとBとCはなにか」を聞いていますので、「Aってなんだろう？」「どんな候補があるのかな？」と考えてしまうのです。それで、「じゃあ素数を書き出して……」と候補を出して考えようとしてしまいます。

しかし、**本当に注目するべきは、そちらではありません**。「49」とか「55」のほうです。

「14＋○＝62」という計算式があって、「○を答えなさい」と聞かれたら、多くの人は「14になにを足したら62になるだろう？」と考えるのではなく、**「62から14を引けば答えになる」**と考えると思います。

「6×○＝84」と言われたら、「84÷6＝14」と考えることでしょう。このときに、「6になにを掛けたら84になるだろう？」と考えていくと、「10だと60で、11だと66で……」と1回1回計算をしていかなければならなくなって、答えを出すのが難しくなってしまいますよね。

このとき行っているのが、**答えからの「逆算」**です。

計算式の結果のほうや、答えを求めるべきものと逆のところにあるものなど、**いつも見ている部分と逆のところに注目することによって、答えを出していく**ことができるのです。

では、この「A + B ＝49」「B + C ＝55」を見てみましょう。49と55を見て、なにか思いつくものはありませんか？

そうですね、**両方とも奇数**ですね。奇数は、PART 1でもお話ししましたが、いくつかの性質を持っています。

その1つが、**「奇数＝偶数＋奇数」**であるというものです。

「奇数＋奇数＝偶数」であり、「偶数＋偶数＝偶数」ですので、49と55が奇数ということは、「AとBは、どちらかが偶数でどちらかが奇数」「BとCも、どちらかが偶数でどちらかが奇数」だということがわかります。

そして、もう1つヒントがあります。それは、A、B、Cはどれも素数だということです。

素数についてもPART 1でもお話ししましたが、**素数は「2以外はすべて、奇数」**という性質があります。偶数は2の倍数ですから、どんな偶数も2を約数に持っています。だから2以外の偶数は、すべて素数ではないのです。

・A、B、Cはどれも素数だけど、AかB、BかCはどちらかが偶数
・素数の中で、偶数は「2」しかない

ということは、みなさん、もうおわかりですね？　Bが偶数で、2、そしてAとCは奇数になるのです。

すると、「A＋2＝49」「2＋C＝55」ですので、Aは47、Cは53になり、A＋Cはちょうど100になります。

PART1の偶数・奇数の問題で、ジャンケンの指の総数から何人がパーを出したのかわかる、という問題を解いてもらったと思いますが、あれも「総数」からの「逆算思考」でした。

このように、**「計算式の結果の部分から考えることによって、答えを出す」という「逆算思考」**によって解ける問題は、たくさんあるのです。

スケジュール策定にはゴールが重要

「逆算思考」は、計算以外にも、ビジネスで使うことができるのです。

たとえば、みなさんが計画を立てていくときにも活用できます。

現在は5月1日。今年中にイベントを実施したい。
イベント企画をするのに1～2カ月かかり、イベントに

必要な材料を集めるのに2～3カ月かかり、会場を整備するのに1～2カ月かかり、イベント参加者との調整にも2～3カ月かかると仮定すると、どんなスケジュールがつくれますか？

これは、一見簡単な問題に見えますが、実際に実践していこうとすると、「イベントの企画に1～2カ月って書いてあるけど、これ2カ月じっくりかけていいのかな、1カ月で終わらせなきゃならないのかな、どうしようかな……」と考えなければならず、意外と難しいのです。

「立式思考」で計算式にして表すと、こんな感じです。

イベント企画＝A【1～2カ月】
材料を集める＝B【2～3カ月】
会場整備＝C【1～2カ月】
参加者との調整＝D【2～3カ月】
A＋B＋C＋D＝イベントの準備に必要な期間

この4つを計算していくのが、「スケジュールをつくる」ということになります。

でも、この計算式ではなかなか計算が難しいんです。なぜなら、**答えが出ていないから**。

このスケジュールづくりが難しいのは、**「いつイベントを実施す**

るか」がわかっていないからです。今年中なら、12月でもいいかもしれないし、7月に実施してもいいかもしれない。それが決定していない状態では、スケジュールはつくれないのです。

こういうときは、「何月にイベントを実施する！」ということを明確に示したほうがいいです。**ゴールを明確にすることで、そこからの逆算を可能にする**のです。

仮に12月1日にイベントを実施すると仮定すると、いまは5月ですから、猶予は7カ月。ですから、

$$A+B+C+D=7$$

とおくことができます。合計が「7」になるようにA＋B＋C＋Dに数字を当てはめていけばいいのです。

A〜Dの最小の値、つまりどの計画も最速で終わらせるとすると、「A＋B＋C＋D＝1＋2＋1＋2＝6」となり、6カ月かかることがわかります。7カ月で計画を終わらせればいいので、1カ月分の猶予があり、A〜Dのうちのどこかのスケジュールを1カ月分多くしてもいいということになります。

これぞ、ゴールから逆算していくという思考法です。**「結果から考えることによって答えを出していく」という発想があると、何事においても答えが見えやすくなる**わけですね。

CHAPTER 8の「全体思考」のときに、コインを投げて「少なく

とも１回は表」だったら、全体の中から「１回も表が出ない確率」を引けば答えが出る、というお話をしました。

これも逆算思考ですね。「少なくとも１回は表」ということは、「１回も表が出ていないわけではない」と考え、「全体」という結果から逆算して、「部分」である答えを出していく、ということをしていたわけです。

東大算数
Point 22

逆算思考では、「結果」から逆算して「部分」を考えていく。

2 〉あらゆる事象を「逆算思考」で解き明かす

全体思考と逆算思考は、式がなくても使える

さて、ここで１つみなさんにお話ししたいことがあります。

それは、**「全体思考」と「逆算思考」は、式があるときだけに使えるものではない**ということです。

計算式がそこになかったとしても、**思考として、「全体で見るとどうなっているんだろう」「逆算で考えるとどうなるんだろう」と考えることによって、思考が整理されて問題が解決する**ことがあります。

それがわかる東大の入試問題があるので、ご紹介します。この問題を見てください（2020年、一部変更）。

先進国では一般的に、肉などのカロリーの高い動物性食品の消費の割合が高い。

しかし、1〜6の国では、1963年（○）から2013年（●）にかけて経済が成長しているにもかかわらず、動物性食品の消費割合はあまり増えていないか減少している。それはなぜか。

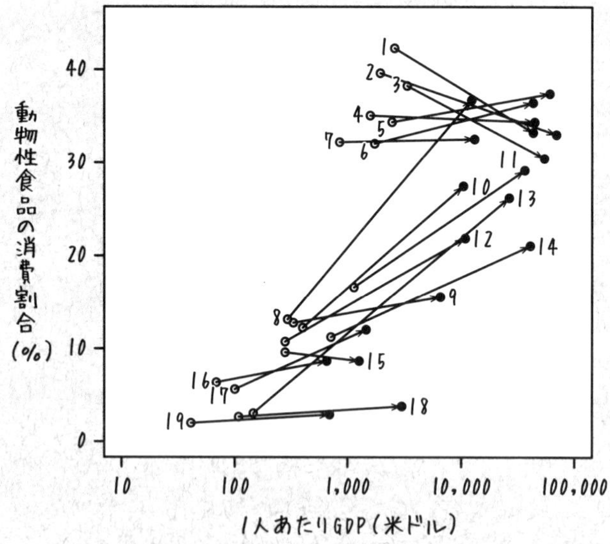

国名：1ニュージーランド、2オーストラリア、3イギリス、4アメリカ合衆国、5スウェーデン、6フランス、7アルゼンチン、8ブラジル、9ペルー、10メキシコ、11イタリア、12マレーシア、13韓国、14日本、15ジンバブエ、16ウガンダ、17インド、18ナイジェリア、19ルワンダ。

国連食糧計画および世界銀行資料による。

経済水準が高くなり、国が豊かになっていけばいくほど、美味しいお肉やカロリーの高い食事が多くなっていくのが世界の常です。

みなさんもちょっと友達が小太りになったりしたら「なんだよ、幸せ太りか？」「ちょっといいもの食べてるんじゃないの？　景気いいんだな」と軽く冷やかすなんてこともあると思います。「経済水準の向上→カロリーの高い動物性食品の消費」というイメージの証明ですね。

それなのに、なぜこれらの国々では動物性食品の割合が減っているのか、もしくはあまり増えていないのかというのが、今回の問題です。

CHAPTER 8 の全体思考のときにご紹介した、経済発展とエネルギー消費の問題と似ていますね。

「経済成長」≒「動物性食品の消費」と考えられていたけれど、実際は違った。ということは、別の数字が絡んでいるということがわかるはずです。

その上で、東大生は、この問題を考えるときに、グラフを見てある**「違和感」**を覚えます。

「え？　この問題、なんかおかしくない？」と。

みなさんは、違和感を持てましたか？

ヒントは、**「全体思考」と「逆算思考」**です。この２つを使って考えることで、この問題の答えが見えてきます。

全体思考でまず見えるものは?

まず、「全体思考」で考えてみましょう。**「部分」ではなく「全**

体」でとらえるのが全体思考ですが、今回の場合、1〜6以外にも多くの国がグラフの中に描かれていますよね。

他にもいろんな国があって、1〜19の国まである中で、1〜6の国のみがこの問題では扱われています。そして、「1〜6の国」と限定しているということは、**それ以外の国では当てはまらない**ということですね。

そして「逆算思考」で考えてみましょう。**「いま注目しているものの逆の部分」を見ることで考えていく**のが逆算思考です。

今回の場合、「1〜6の国が選ばれている」ということに注目しましょう。これって、逆に考えれば、「1〜6以外の国は選ばれていない」ということになります。

であるならば、1〜6以外の国を観察することも、この問題を解く鍵になります。

たとえば、8のブラジルは、GDP、動物性食品の消費の割合ともに1963年は低めですが、2013年には両方とも高くなっています。まさに普通の、「経済が成長して動物性食品の消費の割合が高くなった事例」だと言えます。

それ以外のメキシコやイタリアも、たしかにGDPの向上によって消費の割合が高くなっています。

さて、いよいよ本題です。「7」のアルゼンチンを見てください。

アルゼンチンは、1〜6と似たグラフの推移をしていますよね。そうであるにもかかわらず、今回の問題は「1〜6の国」と限定しています。

ここに、強烈な違和感を覚えてほしいのです。

「え、グラフで見たら、問題文で語られていることの定義に、アルゼンチンだって当てはまるじゃん！」と考えるのが普通です。

無理やり書くのであれば、全体の国を考えると、

「1〜6の国」+「7〜19の国」=「全体」

となっているので、逆算思考で考えれば、「1〜6の国に共通の理由」を考える上で、「7〜19の国」や、もっと言えば**「7のアルゼンチンが当てはまらない理由」を考えることが、大きなヒントになる**、ということです。

この問題は、「ニュージーランド・オーストラリア・イギリス・アメリカ合衆国・スウェーデン・フランス」に当てはまって、「アルゼンチン・ブラジル・その他の国」に当てはまらないものを考えればいいのです。

こういう発想をするために、「逆算思考」と「全体思考」は必要なのです。

違和感の正体はなにか?

そう考えて、もう少しよくデータを見てみます。

そもそもブラジルやメキシコ・イタリアは、もともと動物性食品の消費割合が少ないですよね。1〜6の国とアルゼンチンはもともと動物性食品の消費割合が30%以上です。

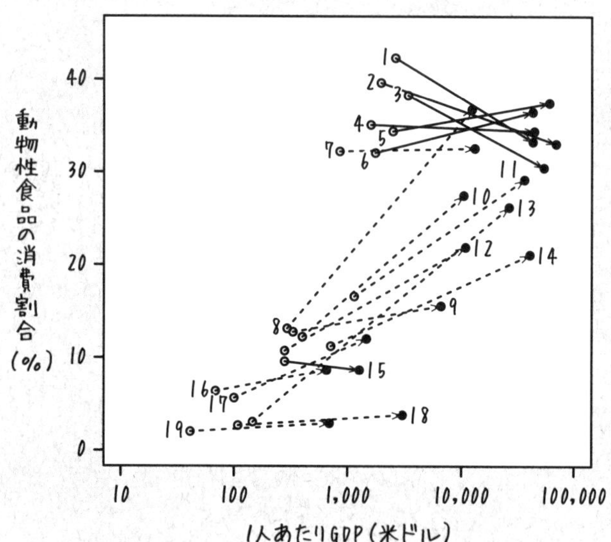

国名；1ニュージーランド、2オーストラリア、3イギリス、4アメリカ合衆国、5スウェーデン、6フランス、7アルゼンチン、8ブラジル、9ペルー、10メキシコ、11イタリア、12マレーシア、13韓国、14日本、15ジンバブエ、16ウガンダ、17インド、18ナイジェリア、19ルワンダ。
国連食糧計画および世界銀行資料による。

ですので、非常に身も蓋もない解答ですが、この問題の答えの1つは、**「もともとの数字が高かったから、そこまで高くなっていない」**です。高かったんだから、増えていないのは当たり前なのです。

では、なぜもともとこれらの国では動物性食品の消費割合が30%以上だったのでしょうか？

この理由が、1～6の国とアルゼンチンで違うのです。

アルゼンチンは、もともと食文化として肉を食べる割合が高かった国です。文化として、肉を食べていたから、GDPにかかわらず動物性食品の消費割合が高いのです。

逆に、1～6の国で動物性食品の消費割合が高いのは、そもそもこれらの国がすべて先進国でGDPが高く、経済的に豊かだからだと考えられます。

「以前からGDPが高く、経済的に豊かだから、そもそも動物性食品の消費割合が高かった」のです。

さらに、動物性食品の消費割合があまり増えていない、あるいは減少している理由を考えたときにも、1～6の国とアルゼンチンとの違いが見えてきます。

実は1～6の国って、**どこも高齢化が進んでいる国**なんですよね。日本は2020年の高齢化率は28.6%ですが、フランスは20.8%です。それ以外の国も16%～20%くらいです。

それに対してアルゼンチンは、11.2%と、1～6の国と比べてまだ高齢化が進んでいないのです。つまり、**1～6の国は、人口に占める高齢者の割合が多い**わけです。

ここまで言えばわかる人も多いのではないかと思うのですが、高齢の方って、あんまりステーキとか焼き肉とか、脂っこいものを食べるイメージないですよね。むしろ野菜とかの質素なものを食べる傾向があると思います。

ということは、1～6の国は国全体が高齢化しているから、動物性食品を食べる人の割合が減っていると考えることができます。

非常に大雑把な立式をすると、

「動物性食品の消費割合」
≒「経済成長」－「高齢化」

ということですね。だから、「経済成長」≒「動物性食品の消費」ではないわけです。

以上から、**「1～6の国では、以前からGDPが高く、経済的に成長しており、もともと動物性食品の消費割合が高かった上に、人口の高齢化が深刻化していて、動物性食品を食べる人の割合が減っているから」**というのが解答として考えられます。

全体を見通した上で、**「なぜ、7は違うのか？」という逆算をすることで、この数字の問題を解くことができる**わけですね。

ということで、**「全体思考」も「逆算思考」も、式がなければ使えないものではまったくありません。**

「自分たちはこうだけど、他の国はどうだろう？」と広く考えるのは全体思考ですし、「Aになったということは、Bになったということだ。なぜBになったんだろうか？」と結論から逆算して考えるのは逆算思考です。

この思考法を、数を使った問題・算数の計算問題で身につけておくことが、社会に出てからも逆算思考で考えることができるかどうかの分水嶺になると思います。

みなさんぜひ、チャレンジしてみてください。

逆算思考で考えることで、見えていなかった視点を発見できる！

CHAPTER 10

綺麗思考で「頭のメモリ」を節約できる

——東大生は、数字のセンスで「物事をわかりやすく整理」する

1 〉数字の「混ざり物」を除去する

サイゼリヤはなぜ「1円値上げ」をしたのか?

次は、**計算式の中身を整理して、答えを出しやすいようにするというテクニックである「綺麗思考」**を解説します。

が、その前にちょっとしたニュースについてお話ししたいと思います。

2020年、ファミリーレストランの「サイゼリヤ」は、すべてのメニューの価格改定をしました。

僕は「コロナの余波もあり、100円くらい値上げするのかな？」と思っていたのですが、蓋を開けてみると、なんと**多くが「1円の値上げ」だった**のです。

「たった1円？　なんで？」と言われたのですが、この**サイゼリヤの戦略は、算数的に非常に正しいものだった**のです。

さて、価格改定後の税別価格はこんな感じでした。

・辛味チキン　273円
・人参サラダ　182円
・コーンクリームスープ　137円
・ミラノ風ドリア　273円
・マルゲリータピザ　364円

一見、なんの変哲もない数字ですね。ですがこれ、**税込価格を計算するととんでもないことがわかります**。

・辛味チキン　300円
・人参サラダ　200円
・コーンクリームスープ　150円
・ミラノ風ドリア　300円
・マルゲリータピザ　400円

そう、**下２桁が「00円」「50円」と、計算しやすい値段になっている**のです。

こうすると、なにが起こるのか？　**使う硬貨が少なくなる**のです。すべての商品の下２桁が「00円」「50円」なら、１円玉、５円玉、10円玉を使う必要がなくなりますよね。おつり用に準備するのは500円玉と100円玉と50円玉ですみます。

これによって、サイゼリヤは**「取扱い硬貨80％削減」**を目指すとしています。

このように、**綺麗な数字に直すことには大きな意味があります**。

わかりやすい数字、計算しやすい数字……。ここまでは計算式をつくる思考についてお話ししていましたが、**つくった後で、その数を綺麗に整理することで、頭の中も整理することができる**わけです。

わかりやすい計算の例として、次の式をご覧ください。

$$352-97=?$$

みなさんはどう計算しますか？

普通に筆算で計算するという人もいるでしょうが、**綺麗な数に直すと計算が速い**です。

97って、あと＋３で100ですよね。100であれば、足し算も引き算も、３桁目を１つ増やしたり減らしたりすればいいだけなので計算がラクです。

引き算は、２つの数字の「差」を出すものでした。ですから、こういうふうに計算することができます。

$$\begin{aligned}&352-97\\&=(352+3)-(97+3)\\&=355-100\\&=255\end{aligned}$$

これであれば、一瞬で答えを出すことができると思います。
では、次の計算はどうでしょうか？

$$49 \times 3 = ?$$

49は50－１ですよね。であれば、

$$
\begin{aligned}
&49 \times 3 \\
&= (50 - 1) \times 3 \\
&= 150 - 3 \\
&= 147
\end{aligned}
$$

と計算できます。

引き算でも掛け算でも、足し算でも割り算でも、「綺麗な数」に直すことで計算が速くなるということがあるのです。
ですから、**常に綺麗な数字に直せないかを考えながら数式を見ていく**必要があるということですね。これが、**「綺麗思考」**です。

「綺麗」とは、「余計な混ざり物がないこと」

さて、**「綺麗思考」の「綺麗」には、いろんな解釈があります**。
「綺麗」って、日常会話の中で使うものとしては、「美しい」という意味ですよね。「綺麗な花だな」と言えば、見た目が美しいことを指します。

でも、綺麗にはもう１つ意味があります。

それは、**「余計な混ざり物がないこと」**です。「綺麗に忘れる」なんて言いますよね？

たとえば「101」は、「100」であれば計算しやすいのに、「１」という混ざり物があると解釈できます。先ほどの「97」もそうです。「100」であれば計算しやすいのに、「－３」という混ざり物が加えられています（PART１で足し算・引き算の話を読んでいるみなさんであれば、「＋３足りない」ではなく「－３が混ざっている」という解釈を理解できますよね？）。

綺麗思考では、**「なにか混ざっていないか」**を考えていきます。

たとえば、先ほどの「サイゼリヤ」のメニュー金額は、「300円に－１円の混ざり物が入っている」と考えて、１円の値上げをしたということでした。

同じように、僕もある会社の社長から、「9000円の商品をつくるべきではない」ということを言われたことがあります。

「9000円って、消費税を考えれば9900円になるでしょ？　これって計算が面倒くさいんだ。だから、そのくらいの値段の商品をつくるなら、9091円にするといいよ。**9091円×1.1（消費税）＝10000.1円（端数切り捨てでちょうど１万円）になる**から」

と。

たしかに、１万円ぴったりのほうが計算しやすいですよね。この場合、**「9000円は一見綺麗に見えるけれど、9900円と考えると、－100円の混ざり物がある」**ということだと考えられます。

では、「37、40、41、59、61、63」の合計はいくつになるでしょうか？

「37＋63」「41＋59」と、100をつくることができるので、これをまず足せばいいんじゃないかと思うわけですが、他に目を向けると、「40＋61」は101になるので、100の3セットをうまくつくれない、となってしまいます。

このときに、**「101は、『＋1』分、余計な混ざり物が入っている」**と解釈して、「100×3＋1＝301」と計算することで、ラクに速く計算できるわけですね。

さまざまな「綺麗」

また、**割り算において「綺麗」なのは、「綺麗に割れる数」**と解釈できます。

たとえば、世の中で使われる数として、12という数字は出現頻度が高いです。1年は12カ月で、時計は1周12時間で、1ダースは12で、12星座もありますね。

12という数字がこんなに多用されているのは、**12という数が綺麗に割れる数だから**だと解釈できます。

「2×2×3＝12」になることからもわかるとおり、12は約数が多いです。**12は、20までの数字の中でいちばん約数が多い数の1つ**であり、2でも3でも4でも6でも割り切れます。

そして約数が多いと、使い勝手がよくなります。

たとえば、もし1年が10カ月だったら、おそらく「四季」はなかったんじゃないかと思います。だって10カ月って4で割り切れないですよね。12カ月なら、4だけでなく、3でも割り切れますし6でも割り切れます。

このように12は約数がとても多くて、綺麗に割ることができる数が多いのです。だからこそ、多くの場所で12が活用されているわけですね。

一方、13は綺麗に割れない数です。

13は素数で、２でも３でも４でも割れません。「12＋１」で、「＋１」分の混ざり物があると解釈できます。13が「不吉な数」と言われている理由も、ここにあるのかもしれませんね。

また**掛け算において「綺麗」なのは、綺麗に計算できるもの**です。

たとえば、先ほども同じような問題をやりましたが、次の式を、みなさんはどう計算しますか？

$$6480 \times 0.125 = ?$$

この場合、「0.125」は「綺麗」ではありません。ケタ数が多く、計算に手間取るからです。しかしこれを分数に直すと、「0.125＝１/８」ですよね。ということは、

$$6480 \times \frac{1}{8}$$
$$= 6480 \div 8$$
$$= 810$$

となります。

CHAPTER 5で小数と分数の違いについてお話ししましたね。足し算・引き算は小数のほうが計算しやすく、掛け算・割り算は分数のほうが計算しやすい、と。

「綺麗」という考え方で言うなら、**足し算・引き算の場合は小数で計算するほうが綺麗**で、**掛け算・割り算は分数で計算するほうが綺麗**と解釈することができます。計算方式によっても、「綺麗」は変わってくるわけです。

要するに、足し算でも引き算でも掛け算でも割り算でも、「簡単に計算できる数」が望ましく、それを「綺麗」と呼べるのではないかという話です。

東大生は、「綺麗にできるポイントはないか」と考えて計算しているから、計算や思考が速いということですね。

東大算数
Point 24

数字の混ざり物を取り除いて「綺麗」にするとラクに計算できる！

2 〉「綺麗思考」で説明や理解を速める

◉「綺麗にする」＝「シンプルにする」

さて、「綺麗思考で物事を考える」というのは、いままでと同じく、ただの計算以外の日常生活にも活用できます。

僕たちにとっていちばん馴染みのある「綺麗思考」は、**「約○割」という表現**です。

> 31人のクラスで、文化祭の出し物を決めている。その中で、25人が「おばけやしき」の案に賛成している。
>
> このとき、「どれくらいの人がこの案に賛成している」と言えるだろうか？

みなさんならどう表現しますか？

まず「31人」と言われたら、「綺麗思考」で考えると「30＋１人」ですね。で、もし「30人中24人」なら、「８割が賛成している」ということになりますね。

今回は、24人よりも１人多いのですが、全体の人数が30人＋１人なのを考えると、**「約８割」と考えていい**のではないかと思います。

この場合、ただ真正面から「25人 ÷31人」を計算して、「0.80645161……」となるから、「80.645161％が～」なんて言うのは面倒くさいですよね。「約８割」のほうが数字的にスッキリしていて、余計な「06451 ……」みたいなものがない状態、つまりは「綺麗な状態」になっています。

このように、3001人だったら「約3000人」、49.7％なら「約半数」と表現したほうが、わかりやすいわけです。

「綺麗な状態にする」というのは、「シンプルにする」ということとほぼ同義だと思います。面倒くさくなく、シンプルに考えるために、余分なものを省いていくわけです。

◉ 単位をそろえると「綺麗」で伝わりやすい

違う例をあげてみましょう。**「単位」というものも、「綺麗思考」だと言えます**。

「長さ」や「広さ」など、この世の中には単位というものが存在していますが、単位をそろえることで、物事を理解しやすくしたり、計算しやすくしたりできます。

「100cm ＋ 3 m ＋ 2 km」と言われても、すぐには計算できませんよね。単位がバラバラになってしまっている状態では計算ができないので、統一して計算する必要があります。

この場合、「1 m ＋ 3 m ＋2000m ＝2004m」と、**単位を統一して、「綺麗」にしないと、計算も理解もできない**のです。

もっと違う例で言いますと、**「東京ドーム○個分」**という言葉がありますね。「この土地はどれくらい大きいんですか？」「東京ドーム○個分です！」みたいなやり取りがあると思います。

「14ヘクタール」と言われてもどれくらい大きいかわからないけれど、「東京ドーム 3 個分」と言われると「大きいんだな」と具体的にイメージすることができます。

このように、**数字のセンスのある人は、単位・指標を綺麗に統一することで計算を速くしたり、イメージをしやすくしたりしている**のです。

また、**綺麗思考と立式思考を組み合わせて、物事を伝えやすくする**ことも可能です。

たとえば、日本という国は少子高齢化が進んでいる国ですが、それがどれくらいの深刻さなのかを伝えるとき、みなさんはどんなふうに伝えるでしょうか？

パッと思いつくのは、「高齢化＝高齢者人口（65歳以上の人々）の割合が多くなること」ですね。このパーセンテージがどれくらいなのかが、「高齢化率」と呼ばれます。

現状の日本は、2020年の数字だと**「高齢化率28.6％」**というデータが出ていますが、**これ、あんまりピンと来ない**という人も多いと思います。国際的な比較があって「日本は他の国に比べて」なんて言われるとわかりやすいかもしれませんが、ちょっと難しいですよね。

こういうときによく使われるのが、**「○人に１人が××」**という言い方です。

「がんは、２人に１人がかかる病気！」とか、「５人に１人がマッチングアプリで結婚！」とか言われることがありますが、まさにそんな言い回しですね。これもある程度大雑把に話しつつ、相手に伝わりやすい言い方をしていると考えられます。

「高齢化率28.6％」は、**「日本人の3.5人に１人が高齢者」**という言い方に直すと、わかりやすくなりますよね。

◉「綺麗思考」で物事の問題点を見抜く

ちなみに僕が少子高齢化の説明をするときは、**「子ども１人あたりの大人の人数」**をお話しします。

1965年の人口を見ると、15歳未満の人口は約2500万人でした。それに対して、2020年には約1500万人となっています。

これを見て、「1000万人も子どもの数が減っている！」と語ることは簡単なのですが、それだとCHAPTER 8の「全体思考」と同じく「分母」を見ていないことになってしまいます。

全体思考を使って考えてみましょう。

たとえば、1965年の日本の人口は１億人程度でした。ということは、人口の中の15歳未満の割合は**約25％**だったわけです。それが、2020年になると、１億2500万人程度になっています。そうすると、人口の中の15歳未満の割合は**約12％**となっています。

子どもの数は半分にはなっていないのですが、人口比率で見ると半分になっているわけです。

まったく別の見方をすることもできます。「少子高齢化」とは言うけれど、**子どもから見ると、「大人が多い時代」だ**ということです。

先ほどのデータの変化に伴って、**「１人の子どもに対する大人の数」**が変化しています。1965年には、子ども：大人＝2500万人：7500万人だったので、**１人の子どもに対して３人の大人がいる**計算でした。

それが、2020年になると、子ども：大人＝1500万人：１億1000万人なので、**１人の子どもに対して７〜８人の大人が対応する**計算になります。

	1965年	2020年
15歳未満	2500万人	1500万人
15歳以上	7500万人	1億1000万人
	1人の子に対して3人の大人	1人の子に対して7〜8人の大人

2倍以上！

いまの子どもは、大人の数が2倍になっていて、自分の進路を選択するときに相談したり説得しなければならなかったりする大人の数も多くなっているのではないか。**少子高齢化とは「大人の割合が多くなること」も意味している**のではないか……と。

このように、**綺麗思考で考えていくと、なにかを伝えやすく表現したり、新しいことに気づいたりできる**のです。

東大算数
Point 25

「綺麗思考」をすることで、物事の要点がよりクリアに見えてくる！

3 〉「綺麗思考」の実践的な使い方

大雑把なほうが伝わることもある

ここで1つポイントなのは、**「綺麗思考」は、「大雑把」な部分があるということです。**

たとえば、49.7%は正しくは「半数」ではありません。「−0.3%」の混ざり物があります。でも、この部分をあえて見ないことにして、大雑把に「約半数」ととらえているわけです。

これは、「学校の算数」としては間違っています。学校では厳密に計算することが求められますので、「この割合を求めなさい」という問題に対して、「約半数です！」と答えたら×になりますよね。

でも**日常生活においては、そこまでの厳密さが求められない**ことも多いです。

「これって御社にお願いした場合、いくらくらいになりますか？」と聞かれて、「この仕事の総額は、10万1372円です」と厳密に答えなければならない場合ももちろんあります。

でも、「大体10万円くらいですかね」と答えてもOKな場合もあるでしょうし、または細かい数字が決定できていないときに「まだ細かい部分が見えていないのでお答えできません！」よりも「おそらく10万円くらいではないかと」と答えることが求められることも多いでしょう。

大雑把に綺麗な数字に直す。そういう発想が通用することもあるのです。

とは言え、覚えておかなければならないのは**「後からつじつまを合わせる」**ということです。「785－99は？」と聞かれて、「99は100－１だから、685！」と答えてはいけませんよね。

「100－１」をしたのだから、答えになる685に＋１をして686とする、「つじつま合わせ」が必要になる場合があるというのは、覚えておいてください。

◉「立式思考」は「大雑把さ」の上に成り立つ

そして、**この「大雑把さ」によって成立していたのが、CHAPTER７でご説明した「立式思考」**だと言えます。「立式思考」が、「綺麗思考」によって成立しているのです。

たとえば、CHAPTER７に出てきた体重増加の例で、

A【1日のご飯を食べるざっくりした平均の量】
×7【1週間】
=H【1週間でご飯を食べた量】

という式を紹介しました。これは、ざっくりと１日で食べる平均の量を計算して、それに７を掛けるという「同じものでくくる」式でした。

もちろん毎日食べる量は変化するので、これも「約」で、大雑把にこれくらいというものを「同じ」とみなしてくくっているわけですね。これも綺麗思考ですね。

また、CHAPTER 9の「逆算思考」で、

「動物性食品の消費割合」
=「経済成長」−「高齢化」

なんて非常に大雑把な立式をしましたが、これも綺麗思考です。

もちろん他の要因もあるはずですし、綺麗にこんな数式になるわけはないのですが、でも**いろんな数字を差っ引いて綺麗にするとこの計算式ができあがる**ということです。

「大雑把でいい」と考えて、「厳密さ」を捨てて計算すると、このようにシンプルな式が出てきて、考えやすくなるわけです。

先ほどまで紹介していた立式は、**「本当はこんなに綺麗に計算できるわけはないけれど、ある程度の『混ざり物』を排除して考えると、こうなる可能性が高い」**というものでした。

ですから、100%正しいというわけではありませんし、そんな式なんて、本当は存在しないでしょう。

でも、**それでも100%の正しさを求めないほうが、速く答えにたどり着くことができたり、解決策を考えやすくなったりする**のです。

数字のセンスがある人は、**「厳密に考えるタイミング」と「綺麗に考えるタイミング」を使い分けているから、思考が速い**のだと考えられます。

少数のものは「その他」でくくる

大雑把に考えて綺麗思考を使うときによく出現するのが、**「その他」**という項目です。

学校のクラスで、なにかを投票で決めるときを考えてみましょう。

大半の人がＡ案かＢ案かＣ案に賛成していて、Ｄ案やＥ案に賛成している人が１～２名、どれにも賛成していない人が１名、欠席者１名のとき、こんな立式が考えられます。

「クラスの人数」
＝「A案に賛成」＋「B案に賛成」
＋「C案に賛成」＋「その他」

１つひとつを考えて計算していると項目が多くなってしまうので、「その他」というものに含めて入れてしまうわけです。

また、収支を考えるときには**「雑費」**というのもありますね。

なんらかの仕事の見積もりを出すときに、「人件費」と「企画費」がメインで、印刷代が10円、交通費が100円、また電話をしたときのスマホとかの通信料もかかるとした場合、見積もりにはこんな書き方をすることでしょう。

「この仕事にかかる費用」
=「人件費」+「企画費」
+「雑費(交通費・印刷費等)」

このほうがわかりやすいですよね。

結局すべては足し算で、その足し算を簡略化するために工夫をするのが「計算」という過程です。

その1つの方法として、**足し算の項目の一部を「その他」や「雑費」でくくることで計算を簡略化する**ことも可能であるということです。

綺麗思考、ぜひ試してみてください。

東大算数
Point 26

「綺麗思考」には「大雑把さ」が欠かせない!

CHAPTER 11 定義思考で「考えるスピード」を加速できる

——東大生は、数字のセンスで「物事を単純化」できる

1 なぜ「定義」が重要なのか?

新宿駅の「利用者数」とはそもそもなにか?

次にご紹介するのは、**「定義思考」**です。まず、こんな問題を考えてみましょう。

> 新宿駅は、世界でいちばん利用者の多い駅としてギネスブックに載っている。
> 1日に約350万人が利用していると言われており、これは47都道府県中10位の静岡県の人口354万人に匹敵する。
> なぜ、これだけの人が新宿駅を利用しているのか?

「世界一利用者が多くて、静岡県全体の人口と同じくらいの人が毎日、新宿駅を使っている」というのは衝撃的ですね。

でも、**これって本当に正しいんでしょうか?**

東京都の人口は、約1400万人です。「350万÷1400万＝25％」なので、順当に考えれば毎日、**東京都民の４人に１人が新宿駅を使っている**ことになります。

東京にはいろんな駅があります。新宿以外にも便利な駅があって、ちょっと買い物に行こうと思っても新宿以外の駅に行く場合だってあると思います。

もちろん新宿は大きくて便利な場所ですが、しかし**毎日１/４の東京都民が新宿に行って買い物や仕事をしている……って、ちょっと考えられない**ですよね。

なのになぜ、新宿駅の利用者数は約350万人なのでしょうか。このときに考えなければならないのが、**「利用者数」という言葉の「定義」**です。

そもそも、どうやって駅の利用者数を算出しているのでしょうか？ イメージで考えれば、自分の家の最寄りの駅から新宿駅に来て、新宿駅からまた最寄り駅に帰った人がいたときに「１人」とカウントしていると思いますよね。でも実際は違うのです。

この「利用者数」とは、**「改札を通った回数」**なのだそうです。

たとえば最寄りの駅から新宿駅に来て、新宿駅からまた最寄り駅に帰った場合、２回新宿駅の改札を通っていますよね？

この場合、「２人分」でカウントされるのだそうです。つまり、「約350万人が利用している」というのは、その半分の「175万人が、新宿駅で降りて、新宿駅から帰った」と考えるべきなのです。

さらに、もう１つ考えられることがあります。それは、**「乗り換え」**です。

たとえば、調布駅から東京駅に行きたいとします。この場合、調布駅から京王線を使って新宿駅に行き、新宿駅で降りて、新宿駅から中央線を使って東京駅に行くことでしょう。

新宿駅にいる時間は、ホームの移動と電車待ちで10分にも満たないと思いますが、**この場合でも「2人分」新宿駅を利用した**ことになります。

もちろん新宿駅には乗換改札もありますので「1人分」でカウントされる場合もありますが、でも**乗り換えも利用者としてカウントされてしまう**ことには変わりありません。

新宿駅にはさまざまな路線があり、乗り換えがとても多いです。小田急線も京王線もJRも、いろんな路線があって、たくさんの乗り換えがあるのです。

さらにさらに、新宿駅で乗り換えた人は、帰りにもまた新宿駅で乗り換えると考えられます。つまり**乗り換えの人は往復で、乗換改札でなければ「4人分」、乗換改札でも「2人分」としてカウントされている**わけです。

ここで問題としているのは、要するに**「利用者」という言葉の定義**です。

「新宿駅を利用している人の数」
＝「人が改札を通った数」
＝「新宿を目的に来た人」×2（行きと帰り）
＋「新宿駅で乗り換えを行った人」
×1.5（1回分と2回分の両方の場合がある）×2

になるため、**多くの人がイメージする「利用者」とはかなり異なる**わけです。

算数において、このように**計算式などを使って言葉の定義をしっかり明確にする**ことは、非常に重要です。

「全体思考」でも、「考えている項目以外にも、なにか項目があるのではないか」と全体を考えていくことをおすすめしましたが、それと同じで、**定義を明確に理解しておかないと、とんでもない勘違いをしてしまう**ことがあります。

CHAPTER 7の「自給率」がそうでしたね。「自給率＝その国の人がその国の食べ物をどれくらい食べているか」とだけ考えていると、自給率が100％を超えていることの意味がわからなかったと思います。

しっかりと定義を考えていかないと、答えられないことも多いのです。

東大算数
Point 27

定義がしっかりしていないと、とんでもない勘違いをもたらすことがある。

2 〉定義で計算が「こんなにラク」になる

算数において記号を定義する意味とは

逆に、**算数において「○○と定義する」というのは、思考を前に進めていくためにうまく活用されるもの**です。

「円周率をπとする」と置き換えて進めていくことで、計算を速くしたり、簡略化したりすることができますよね。円周率＝πと定義しているからこそ、本当は「3×3.141592……」という計算なのを「3π」とすることができます。

立式思考のときにも、「1日のご飯を食べた量」＝「A」とおく、みたいな感じで、文字として定義し直していましたよね。**定義することで計算を簡単にできる**場合があるのです。

定義を導入することで計算を簡単にするというテクニックは、多くの場面で使えます。

たとえば、こんな問題を考えてみましょう。

> 鉛筆3本と消しゴム1個で225円、鉛筆5本と消しゴム2個で400円でした。さて、鉛筆1本の値段は？

この問題は、鉛筆の値段をX、消しゴムの値段をYとおいて考えると、こんな式になりますね。

$$3X+Y=225\text{円}\cdots\cdots①$$
$$5X+2Y=400\text{円}\cdots\cdots②$$

その上で、①を2倍すると「6X＋2Y＝450円」となります。

$$6X + 2Y = 450円$$
$$5X + 2Y = 400円$$

上の式から下の式を引くと、X ＝50になり、鉛筆１本の値段は50円になります。また、これをどちらかに代入するとＹ＝75となり、消しゴムは１個75円だとわかります。これは中学１年生で習う「方程式」と呼ばれるものですね。

◉ 定義思考と綺麗思考を組み合わせる

次は、この計算式を見てください。

$$2221 \times 3334 - 2223 \times 3331 = ?$$

これって、どのように計算すればいいと思いますか？

「同じところを探す」ということをしようと思っても、「2221」「3334」「2223」「3331」と、すべて違う数になってしまっています。

CHAPTER 1 でお話しした「対称を考える」でもうまくいきませんし、どうすればいいのかわからないですよね。

こんなときに使える方法こそが、「定義」です。ある数字を記号として定義することで、計算を進めていくことができるのです。

たとえばこの問題の「2221」「3334」「2223」「3331」は、「綺麗思考」で考えて１～２を足し引きしてみると、「2222」とか「3333」

という数字が浮かび上がりますよね。

この数字、約数はなんでしょう？　当然ですが、2222は「1111×2」で、3333は「1111×3」です。つまり、**1111という数が共通の約数**になります。

この1111という数字を、aと定義してみましょう。

2221は「2222－1」ですから、「2a－1」です。

3334は「3333＋1」ですから、「3a＋1」です。

2223は「2222＋1」ですから、「2a＋1」です。

3331は「3333－2」ですから、「3a－2」です。

したがって、この式を置き換えると、

$$2221 \times 3334 - 2223 \times 3331$$
$$= (2a-1) \times (3a+1) - (2a+1) \times (3a-2)$$

となります。

このまま計算していくと、

$$
\begin{aligned}
&(2a-1)\times(3a+1)-(2a+1)\times(3a-2)\\
&=(6\times a\times a+2a-3a-1)-(6\times a\times a\\
&\quad -4a+3a-2)\\
&=6\times a\times a-6\times a\times a+2a-3a+4a-3a\\
&\quad -1+2\\
&=1
\end{aligned}
$$

となりますね。

なんと、aという概念を導入することで、面倒な計算をすることなく、こんなふうに計算することができました。

このように、**定義することで計算が簡単になることも多い**のです。

東大算数 Point 28

定義思考と綺麗思考を組み合わせると、
計算がラクになる。

3 「変数」と「定数」を使いこなせば頭の中がクリアになる

変数と定数とはなにか?

もう1つ、定義思考には重要な考え方があります。それは、**「変数と定数の定義」**です。

たとえばこんな問題を考えましょう。

「2X＋Y＝7」で、XとYは正の整数だとする。このとき考えられるXとYの組み合わせは何種類ある？

この問題、みなさんはどんなふうに考えていきますか？　おそらくは、「とりあえずXが1のときを考えてみよう」とするのではないでしょうか？

X＝1のとき、2＋Y＝7でY＝5になります。
X＝2のとき、4＋Y＝7でY＝3になります。
X＝3のとき、6＋Y＝7でY＝1になります。
Xが4以上のときは、Yがマイナスになってしまうので、式が成立しません。ということは、3種類が正解になります。

簡単な問題だと感じる人も多いと思いますが、これも定義思考を使っています。

「X＝1と定義」して、そこからYを求めていく思考をしていますよね？

数には、定数と変数があります。ざっくり言うと、**定数は「変えられない数」**のことで、**変数は「変えられる数」**のことです。

「3X＋2Y＋6＝13」だったら、XとYはどんな数が入るのかわからないので変数になります。

6や3や2などの数は、変わりようのない数なので定数になります。

このうち、**変数を「これ」という数で固定して、つまり「定義して」、計算していくことで、答えが見えてくる**ということですね。

この**「変数」と「定数」の定義は、とても重要な考え方**だと僕は思っています。**日常生活でもビジネス現場でも使える思考**だからです。

たとえば、こんな状況を考えます。

> あなたは、資格を取りたいと思い、1日でどれくらい勉強時間をつくれるのかを考えている。
>
> 現在は、仕事の時間が8時間で、食事や移動・お風呂の時間が3時間、睡眠時間が7時間、趣味や遊びの時間が6時間。
>
> では、どれくらいの勉強時間が現実的だろうか？

立式思考で考えると、

仕事＝A
食事・移動・お風呂＝B
睡眠＝C
趣味・遊び＝D
勉強＝E
A＋B＋C＋D＋E＝24時間

となります。現状は「A＝8」「B＝3」「C＝7」「D＝6」「E＝0」です。

この問いは、「みなさんならどこの部分を削りますか？」という問題です。言い方を変えると、**「どの部分がみなさんにとって変数で、どの部分がみなさんにとって定数ですか？」**という問いでもあります。

僕たちは、「じゃあ、睡眠を削って勉強しよう」と考えがちです。でも、睡眠は人間にとって不可欠なものなので、定数だと言っていいのではないでしょうか。

もしかしたら「いや！　自分は睡眠時間は4時間で十分だ！」という人もいるかもしれないのですが、それよりも変えるべき数字は他にあります。

いちばん当たり前なのは、Dの趣味・遊びの部分を変数だととらえることです。Dは、削っても別に自分の身体にダメージがあるわけではないので、**Dを減らしてEの勉強の時間をつくる**というのは、うまい方法だと言えます。

また、Dを変数ととらえたとして、「でも最低2時間はゲームをしたいんだよな」と考えたとすると、「D＝2と定義して計算しよう」と考えられますね。この場合、他の数字が変わらなければE＝4となります。

どの数字を変数と定義するか？　その変数の幅はどれくらいか？　そういう発想がとても重要なのです。

◎ 未来を明るいものにするための計算式

この本も最後に近づいてきたので、少しだけ情緒的な話をさせてください。

僕は、**努力によって未来は変えられると思っている**タイプの人間です。

具体的に計算式で言うと、

A【自分を磨く努力の時間】
＋B【尊敬できる人との時間】
－C【AとBを阻害する自分の問題】
－D【自分にはどうしようもできないマイナス】
＝？

であり、**この「？」が未来だ**と考えられます。

勉強すればAが増える。

尊敬できる人からの学びや自分を成長させてくれる友達との時間

が増えるとBが増える。

そうすると、「？」の未来はどんどんプラスになってくる。

逆に、悩んでいる時間やスマホを弄（いじ）っている時間などのなんの意味もない遊びの時間が増えればCが増えて、「？」の未来はどんどんマイナスになっていく。

ここで大切なのは、**AやBやCは変数だから変えられるのですが、人生には定数もある**ということです。

家庭環境や金銭的なマイナス、防ぎようのない天災や事故によるマイナス、生まれつきの身体的なマイナス……。どうあがいても、この定数を変えることはできません。

これはXやYではなくて「−100」のような具体的な数だからです。これをDと定義しています。

ですが、**なにかを悩んでいるときには、それが変数なのか定数なのか、考えていない**ことも多いです。

東大生は、悩む時間が少ない人が多いです。特に理系の人に顕著ですが、物事をシンプルに考えて、行動していき、あまり悩まずに考えるという人が多い印象があります。ある理系の友達に「なんで君はそんなに悩まないの？」と聞いたら、こんな答えが返ってきました。

「定数で悩んでも、時間の無駄じゃん。それよりも自分で変えられる変数の部分を変えていかないと」と。

非常に納得感のある言葉ですよね。

自分にはなにが変えられて、なにが変えられないのかを算数的に

定義して考えている人は、悩まずに進んでいけるのだと思います。

みなさんもぜひ参考にしてみてください。

東大算数
Point 29

**数字には、変えられる変数と、
変えられない定数とがある！**

試行思考で「数字のセンス」と「地頭力」を高める

——東大生の数字のセンスは「トライ&エラー」で磨かれる

1 〉なによりも「試行錯誤」することが重要！

まず手を動かす生徒は数字のセンスの伸びが速い

最後にお話しするのは、**「試行思考」**です。本書の最後に、**いちばん重要で、「東大生が数学ができるのはこれのお陰だ」という思考法**を用意させてもらいました。

「試行錯誤」という言葉があります。この本でもなんどか登場していたと思うのですが、意味は**「さまざまな試行を繰り返して、なんども失敗しながらも、成功にたどり着くようにする」**という意味です。

要するに、**「とりあえずやってみよう」**というやつですね。

算数でも数学でも、数を使った問題を解くときの基本として、とにかく**「手を動かして考えられているかどうか」が、成績が伸びるかどうかを分ける**と言われています。

僕は多くの学校で数学の問題を解いてもらっていますが、やっぱり「この問題、難しいけど、解いてみてくれ！」と僕が言った瞬間からペンを取ってなにかを書いている生徒は、伸びることが多いです。

その問題がわかっているのかわかっていないのかは、関係ありません。

トンチンカンなことを書いていても、問題ありません。

とにかく、「手を動かしてみよう！」と思っている生徒は、伸びるんですよね。

逆に、**難しい問題を前に、ペンを取らずにずっと考え込んでしまっている生徒は、数学がずっと苦手なままである場合が多い**です。

東大生も、数学ができる人はみんな、考える前に手を動かしています。とりあえず手を動かして考えていくことで、上手に問題にアプローチして解いているのです。

◉ 手を動かしてみれば答えが見えてくる難問

たとえば、この問題をご覧ください。

これは、**東大入試の数学の問題**です（2012年）。

> 図のように、正三角形を９つの部屋に辺で区切り、部屋P、Qを定める。１つの球が部屋Pを出発し、１秒ごとに、そのままその部屋にとどまることなく、辺を共有する隣の部屋に等確率で移動する。球が n 秒後に部屋Ｑにある確率を求めよ。

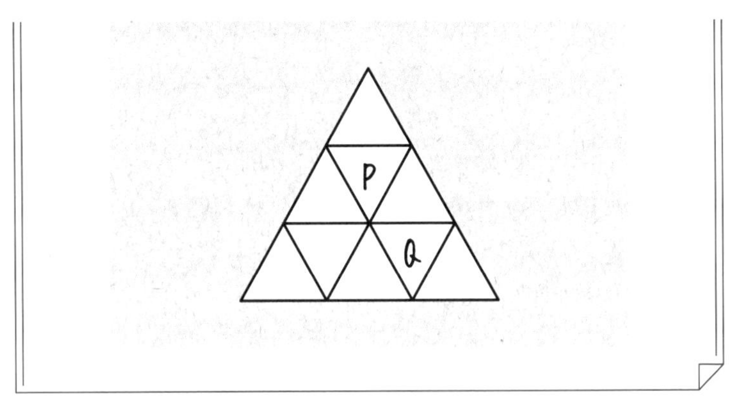

とても難しい問題ですから、解けないのは当たり前だと思います。

ですが、２分でいいので、手を動かして考えてみてもらってもいいでしょうか？　**そうすることで、実は見えてくるものがある**のです。

難しい問題ではありますが、はじめにやるのは、**「じゃあ１秒後ってどうなっているんだろう？」**と考えることですよね。

もともとはＰのところに球があって、そこから隣に移動すると、こんな状態になります。

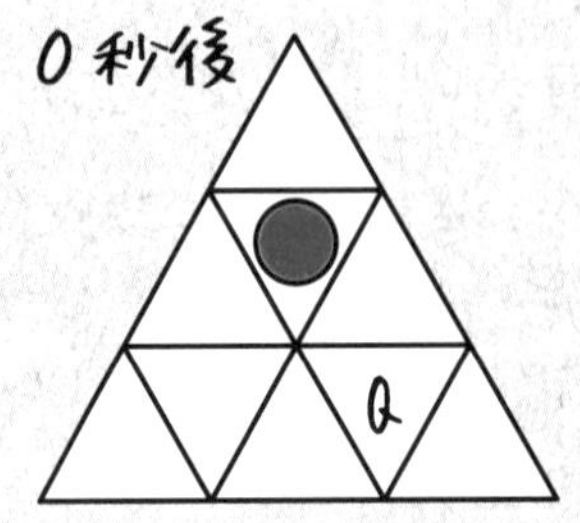

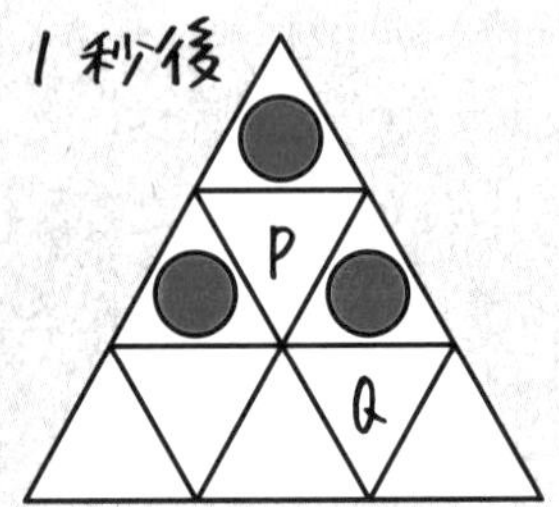

では、2秒後、3秒後はどうでしょう。こんな感じですね。

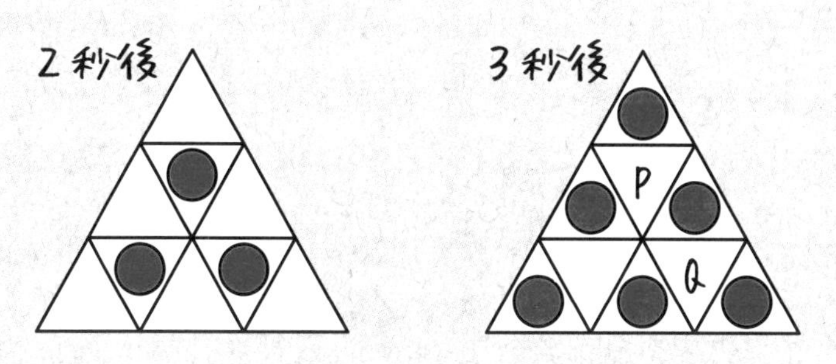

この図をよく見てもらうと、1つの事実が浮かび上がってきます。それは、**PやQの場所に○があるのは、特定の時間だけ**だということです。

1秒後や3秒後には、○はPやQにはありません。2秒後や、もっと言えば4秒後には、○はPやQに行くことになります。

3秒後の図の状態になった後で、4秒後の形は2秒後と同じです。5秒後は3秒後の形と同じで、6秒後は2・4秒後の形と同じ……。

これをどう表現すればいいか、PART 1で「偶数・奇数」を勉強しているみなさんならできますよね？

「奇数秒後にはPやQには○はなく、偶数秒後にのみ、PやQに○がある状態になる」ということです。

ですから、とても難しい問題ではありますが、**「奇数秒後にQにある確率は0で、偶数秒後にしかない」ということだけであれば、**

手を動かしてさえいればわかるのです。

◉「とりあえず試してみる」ことで答えに近づくのが試行思考

このように、**とにかく手を動かしていれば見えてくることがある**のです。

この本の中でいままで紹介した問題を思い出してください。一見すると簡単には解けないようなものばかりだったと思います。

それを、立式したり、全体で見てみたり、逆算してみたり、綺麗な数に直したり、なにかを定義してみたり、もっと言えば、「対称になる部分はないかな」と掛け算を考えたり、「同じ部分でくくれないかな」と割り算を考えたり、「偶数・奇数は使えないかな？」「分数・小数はどうだろう？」「約数はどうなっているかな？」と、**いろんな武器を使って格闘していくことで、そのうちの１つによって、答えが見えてくる**という話をしてきました。

逆に言えば、その中のすべてが使えるわけではありませんよね。

いろんな武器を紹介したわけですが、**そのうちの「１つ」または「いくつか」が使えるだけ**で、他の武器を使ってもうまくいきません。

でも、**それでいい**のです。

なぜなら、**事前に「どの武器が有効か」はわからないから**です。**泥臭く、地道に、なんども失敗しながらも、「どれが有効か」を試して続けてみるしかない**んですね。

目の前に鍵のかかったドアがあります。

あなたは鍵をたくさん持っていて、その鍵のうちどれかがドアを開ける鍵です。

ですが、どの鍵がそのドアを開けるものかはわかりません。

こういう場合、とにかくいろんな鍵を使いますよね。早くドアを開けたければ、**とにかくいろんな鍵を使って、もし開かなかったら、次の鍵を使う**しかありません。

「この鍵って正解なのかな？　この鍵じゃないかもしれないな……」と悩んでいても、時間の無駄です。

それと同じで、**とにかくいろんな鍵を使ってみないといけない**のです。

その中で「この鍵じゃ開かないな」というものが出てくるかもしれませんが、**「その鍵だと開かない」ということがわかっただけで、問題を解く上ではプラス**なのです。

それに、このドアの鍵穴は、鍵をガチャガチャしているうちに**「あ、この鍵はもうちょっとで開くから、似た鍵であるこれを使おう」**とわかってくることもあります。

だからとりあえず試してみることが大切なのです。

「試行思考」とは、とりあえず試してみることで、答えにどんどん近づいていくというものであり、これこそが数字のセンスを高める上で、いちばん重要なスタンスです。

東大生は、やっぱり試行錯誤の能力が高いです。なんどもなんども粘り強く挑戦する力を持っているし、その力を持っているからこそ、いろんな問題に応用して問題を解くことができるのです。

東大生は、なんども粘り強く試行錯誤して問題を解く！

2 「試行思考」の実践的な使い方

小さい数でまず試してみる

さて、**そんな「試行思考」をうまく応用するコツ**がありますので、紹介させてください。簡単ですが、**かなり応用の利く方法**です。

先ほど、「とりあえず1秒後を考えてみよう」と言いましたよね。このように、**「とりあえず1だったらどうなるだろう？」「とりあえず小さい数でやってみたらどうなるだろう？」**と考えていくことで、**そこから見えてくるものをヒントにして、答えを探していく**という方法があります。

「1から1億までの数の中で、偶数は何個あるか」と聞かれたら、みなさんはなんと答えますか？

「なんとなく、半分なイメージがあるけど、でもそれでいいのかな？　5000万個って答えても大丈夫なのかな？　なんか1個くらい、見逃しがあったりしないかな？」と思いますよね？

そういうときには、**小さい数で実験してみればいい**のです。

たとえば**「1から10までの数の中で、偶数は何個あるか」**だったら、何個あるでしょうか？　2、4、6、8、10で5個ですね。

ということは、100までの場合も50個でしょうし、1000までの場合も500個でしょうし、１億までの場合も5000万個と考えることができます。

同じやり方で、みなさんなら「１から1000までの数をすべて足すといくつになるか」という問題を解くことができるはずです。だって、**「１～100までの数の合計はいくつですか？」という問題をもう解いていますから、それと同じやり方でいいはず**です。

１から100までは、「１＋100」「２＋99」「３＋98」……「50＋51」と、50個の101がつくれるから、これで計算すれば、101×50個＝5050になります。

同じように、「１＋1000」「２＋999」「３＋998」……「500＋501」として計算していけば、「1001×500＝500500」となりますよね。

このように、**小さい数でいくつか実験をして、答えを出していく**ということが可能なわけです。

応用を利かせるために、基本的で簡単な実験を繰り返すことが、試行錯誤のコツだと言えるでしょう。

◉ 最終問題：どちらのタクシーの値段が安い？

さて、ここまでの集大成ということで、最後の問題を見てみましょう。この問題、ぜひみなさん実践してみてください。

> Ａ社のタクシーは、1000m未満までは450円、その後300mごとに90円ずつ加算されていく。

B社のタクシーは、2000m未満までは900円、その後400mごとに90円ずつ加算されていく。

さて、1500mであればA社のほうは630円、B社のほうは900円。このように、一定の距離まではA社のほうが安くなる。

では、B社のタクシーを利用したほうが安くなるのはどういう状況か、考えてみよう。

まず注目するのは、**A社とB社のタクシーの値段**です。A社のほうがより短い距離で、同じ値段ずつ加算されていることです。ということは、**距離が長ければ長いほど、B社のほうが安くなる**と考えられます。

でも、最初の料金はB社が高めの設定をされているので、**一定の距離まではA社のほうが安くなる**のだと考えられます。

では、いつまでB社のほうが高いのか？　それを計算する問題なわけですね。

この問題で重要なのは、**とにかく計算しやすい数や小さい数で試してみる**ということです。

たとえば問題文で、「1500mであればA社のほうは630円」となっていますよね。まずこの計算をしてみましょう。

「1000mまでは450円で、その後300mごとに加算されるということは、450円＋90円で、540円だな」

というふうに計算していた人はいませんか？

問題文を見ると、「あれ？　1500mで630円って書いてある！　ということは、なんか間違ってる？」ということに気づくはずです。

問題文の書き方的に間違える人も多いと思うのですが、「1000m未満までは450円、その後300mごとに90円」ということは、1000m地点でメーターは+90円で540円に上がり、その後、1300m地点でさらに90円上がって630円になります。だから1500mの地点では、メーターは630円なんですね。

手を動かしてたしかめてみることで、この問題の計算方式を理解することができました。このように試していくことが重要です。

さて、ではもう1つ試してみましょう。綺麗な数で考えて、2000mの場合はどうでしょうか？

Bは2000m地点で90円上がって990円ですね。

Aは、1900m（1000m +900m）地点で450円+90円+90円+90円+90円=810円になります。だから2000m地点でも810円。180円差でAが安いですね。

4000mのときはどうでしょう？

Aは、4000m（1000m +3000m）地点で450円+90円×11=450円+990円=1440円ですね。

Bは、4000m（2000m +2000m）地点で900円+90円×6=900円+540円=1440円ですね。

なんと、適当に計算していましたが、4000mの時点で、同じ金額になっています。

ということは、**4000mに近い距離で、きっと逆転が起こる**のだと考えることができます。

こうなったら、少しずつ距離を小さくしていきましょう。これもまた**「試行思考」**ですね。

3600m のときは、A は1260円で、B は1350円でした。この時点では、A が安いので、逆に4000m より距離を伸ばしてみましょう。

4300m のときは、A は1530円で、B は1440円です。ということは、これでもう、B のほうが安いですね。答えは「4300m 以上で B のほうが安くなる」になりますね。

……と、計算した人もいると思うのですが、少し立ち止まって考えてみましょう。

4400m のときはどうなるでしょうか？　A は1530円で、B は1530円になりますね。

……あれ？　また同じ値段に戻っています。

最初にお話ししたとおり、順当に考えれば、長ければ長いほど B のほうが安くなっていきます。でも、この**4000m 台では、A と B の値段に差がついたり同じになったりしている**のです。

問題文をよく読むと、「B のほうが安くなるとき」が求められています。

ですから、4400m の時点では B のほうが安いとは言えず、先ほどの「4300m 以上で B のほうが安くなる」は間違いになってしまうのです。

同じ値段になる部分を考えて、**「この距離からこの距離で B のほうが安く、またこの距離以上のときには B のほうが安くなる」と書かないと、正解にならない**のです。

「ええ、そんなの、問題の不備じゃないか」と思うかもしれませんが、よく考えてみてください。**日常生活だったら、綺麗な答えが**

ないことのほうが多いんです。逆に答えが綺麗にならない、今回のような場合のほうが多いんです。

◉ 綺麗な答えが出るとは限らないので「粘り強さ」も大事

「試行思考」は、その点においても日常生活に寄り添っていると言えます。綺麗な答えが出ないかもしれないけれど、それでも試していくことによって、答えを出す。これが重要なポイントなのです。

ということで、すべての場合を検証してみましょう。

3600m：Aは1260円、Bは1350円→Aのほうが安い
4000m：Aは1440円、Bは1440円→AとBが同じ値段
4300m：Aは1530円、Bは1440円→Bのほうが安い
4400m：Aは1530円、Bは1530円→AとBが同じ値段
4600m：Aは1620円、Bは1530円→Bのほうが安い
4800m：Aは1620円、Bは1620円→AとBが同じ値段
4900m：Aは1710円、Bは1620円→ここから先はBのほうがずっと安い

となるので、**「4300〜4400m 未満、4600〜4800m 未満と、4900m 以上のとき、B のほうが安くなる」**というのが本当の正解になります。

この問題を解くには、**「粘り強さ」**が必要です。なんてったって、ここまで試行しないと問題が解けないのですから。

ですから、「粘り強く計算していく」というのも、計算を解く上で重要になってきます。

最後に試行思考をご説明したのは、**この本で紹介してきた武器を応用して活用していくときに、粘り強く試行していくことが不可欠**だからです。

これぱっかりは仕方がないです。なんてったって、**東大生だって地道にコツコツ、泥臭く粘り強く計算している**んですから。

「簡略化が算数の本質の１つ」とお話ししましたが、逆に言えば**簡略化しなければならないほど、現実は複雑**なものです。

でも、**粘り強く試行していけば、解けない問題なんてない**はず。みなさんぜひ、頑張ってください！

東大算数
Point 31

複雑な現実社会も、粘り強く試行していけば、
解けない問題なんてない！

おわりに

こんなに「世界が違って見える」勉強は、算数以外にない

みなさんは、「2025」という数を聞いて、なにを思い浮かべますか？

「別になにも思い浮かばない」という人もいれば、「年号かな？」「ただの４桁の数では」「車のナンバーかも」と考える人もいるでしょう。

実は「2025」って、とても特殊な数字です。**「45×45」という同じ数の掛け算**でもありますし、みなさんがよくご存知の**「九九」の答えを全部足すと、2025になる**のです。

「へえ、そうなんだ、知らなかった」という人もいるかもしれませんが、実はこれ、知らなくても、**「そりゃそうだよね」「当たり前じゃん」と考えることができる人**もいます。

九九を足すということは、「１×１＋１×２＋１×３＋１×４＋１×５＋……＋９×６＋９×７＋９×８＋９×９」となります。なんの変哲もない長い式ですが、この本でもなんども出てきたとおり、共通項の部分を見つけると、１つ面白いことがわかります。

（　）を使って省略すると、「１×（１＋２＋３＋４＋５＋６＋７

＋８＋９）＋２×（１＋２＋３＋４＋５＋６＋７＋８＋９）＋……」となっていきます。ということは、九九を足すと、「（１＋２＋３＋４＋５＋６＋７＋８＋９）×（１＋２＋３＋４＋５＋６＋７＋８＋９）」になるのです。

１＋２＋３＋４＋５＋６＋７＋８＋９は、なんども登場しているとおり真ん中で折って「（１＋９）＋（２＋８）＋（３＋７）＋（４＋６）＋５」とすると、45だとわかりますよね。ですから、「45×45」になるというわけです。

ある人にとっては**ただの年号であり**、ある人にとっては**特殊な数**に見える。

「はじめに」で僕は**「世界が違って見える」**という話をしましたが、まさしくこんなふうに、**たった１つの数字が全然違う意味をもって見えるようになる**のです。

ちなみに、それを教えるためなのか、東大をはじめとする国公立大学では、毎年「その年の年号」を使った問題がよく出題されます。2023年度入試だったら2023を使った問題が出る、ということですね。

僕はもともと、偏差値35でした。数学もすごく苦手で、やりたくない科目の筆頭でした。

でも、算数からやり直してみたいまになって感じるのは、**「こんなに世界が違って見えるようになる勉強は他にない」**ということです。

たった１つの数が全然違う意味をもったり、問題が発生したときに式にしてそれを解決したり、データを見たときにその裏側が気になったり……。**勉強の根幹になるような、数字のセンス**が多く詰まっていました。

でも、多くの人が小学校の段階ではまだその面白さに気づけず、**そこに広がる世界を放置して、「算数ができない」「頭が悪い」と考えてしまっている**。それって**すごくもったいないこと**だと思います。

この本が、数学が苦手な人、数字のセンスがなくて困っている人にとって、**人生を変えるきっかけ**になってくれたら、こんなに嬉しいことはありません。

ありがとうございました！

2024年４月

西岡壱誠

【著者紹介】
西岡壱誠（にしおか　いっせい）
現役東大生
1996年生まれ。偏差値35から東大を目指すも、現役・一浪と2年連続で不合格。しかし「小学校の算数」から復習をしたことで成績が上がり始め、偏差値70、東大模試で全国4位になり、東大合格を果たす。
そのノウハウを全国の学生や学校の教師たちに伝えるため、在学中の2020年に株式会社カルペ・ディエム（https://carpe-di-em.jp/）を設立、代表に就任。全国の高校で「リアルドラゴン桜プロジェクト」を実施し、高校生に思考法・勉強法を教えているほか、教師には指導法のコンサルティングを行っている。
テレビ番組『100%！アピールちゃん』（TBS系）では、タレントの小倉優子氏の早稲田大学受験をサポート。また、YouTubeチャンネル「スマホ学園」を運営し、約1万人の登録者に勉強の楽しさを伝えている。
著書『「読む力」と「地頭力」がいっきに身につく 東大読書』『「伝える力」と「地頭力」がいっきに高まる 東大作文』『「考える技術」と「地頭力」がいっきに身につく 東大思考』『「学ぶ力」と「地頭力」がいっきに身につく 東大独学』（いずれも東洋経済新報社）はシリーズ累計43万部のベストセラー。

「数字のセンス」と「地頭力」がいっきに身につく 東大算数

2024年6月11日発行

著　者――西岡壱誠
発行者――田北浩章
発行所――東洋経済新報社
〒103-8345　東京都中央区日本橋本石町 1-2-1
電話＝東洋経済コールセンター　03(6386)1040
https://toyokeizai.net/

ブックデザイン………成宮　成（dig）
イラスト………………加納徳博
ＤＴＰ………………キャップス
著者エージェント……アップルシード・エージェンシー（https://www.appleseed.co.jp/）
印刷・製本…………丸井工文社
編集協力……………桑田　篤
編集担当……………桑原哲也

Printed in Japan　ISBN 978-4-492-04764-4